在平凡的世界里，做自己的英雄

阿识学长◎著

应急管理出版社
·北京·

图书在版编目（CIP）数据

在平凡的世界里，做自己的英雄/阿识学长著．－－
北京：应急管理出版社，2020

ISBN 978 - 7 - 5020 - 8211 - 6

Ⅰ．①在…　Ⅱ．①阿…　Ⅲ．①成功心理—通俗读物
Ⅳ．①B848.4 - 49

中国版本图书馆 CIP 数据核字（2020）第 124045 号

在平凡的世界里　做自己的英雄

著　　者	阿识学长
责任编辑	高红勤
封面设计	王玉美

出版发行	应急管理出版社（北京市朝阳区芍药居 35 号　100029）
电　　话	010 - 84657898（总编室）　010 - 84657880（读者服务部）
网　　址	www.cciph.com.cn
印　　刷	三河市金泰源印务有限公司
经　　销	全国新华书店

开　　本	880mm×1230mm$^1/_{32}$　**印张**　8　**字数**　180 千字
版　　次	2020 年 9 月第 1 版　2020 年 9 月第 1 次印刷
社内编号	20200467　　　　　**定价**　39.80 元

　　我一直认为，这世上一定有很多人和我有着类似的成长环境，或是差不多的人生经历。所以，有不少朋友会在读完我的文章以后，千里迢迢地找到我的微信公众号或是微博，希望能看到我更多的文字。

　　他们关注我、支持我、给我留言、把我当作树洞，甚至还有一些朋友把我看成情感导师，对我分享各种开心的或是难过的事情，想听听我的意见。

　　他们所做的一切，让我感到欣慰的同时，也让我觉得有些忐忑不安。因为我也害怕未来某天自己写不出好的文章，我的故事很难再感染或是治愈他们。

　　我不想让喜欢过我的读者朋友，从我的世界里抽身离开，否则我会感到孤独。

　　对每一位作者来说，能够遇见喜欢自己的读者已经很不容易，要走很长很久的路，要经历许许多多的事，要感受各种各样的人生，要写出精彩的文章。而要留住他们，就更要持续努力，需要付出足够多的时间和精力去读更多的书，看更多的风景，写更好的文字。

当然，我的心里也特别清楚，这个世界上没有人能够抓得住过往的云，也没有人可以把另一个人永远留在自己身边。每个人都在书写自己的人生轨迹，哪怕是在平凡的世界里，我们也要努力做自己的英雄。

作者和读者其实也一样，作者爱写的文字从青涩到成熟，读者爱看的书也从浪漫到现实。每一位作者在写作过程中，会换一波又一波的读者；每一位读者也换了一批又一批的作者。

一个人的成长故事，就是从相遇到分别的过程。

相遇有说有笑，分别会哭会闹。有人喜欢相遇时的单纯美好，有人留恋分别时的伤感不舍，每一个人，每一个故事，都在以自己喜欢的方式存在另一个人的心中。

为此，每当有读者朋友因分别而感到失落孤苦时，我总是会劝慰他们说，如果某天，有个人要同你道别，或是永远离开你，你千万不要感到难过，因为总有一个人要先走，总有一个人会停留。和人分别时，你不能哭，你应该果断坚强一点，反正你是在过自己的人生。

但很多时候，我偏偏就是不能用这句话安慰和治愈自己。面对分别，我也控制不好自己的情绪，我很想把心里话全部说出来，希望有人能倾听我、了解我、陪伴我。所以，我写了很多文字，我总是在分享成长故事的同时，也顺便讲了许多道理。我重复着说那么多激励人心的话，就是既不想让自己难过，又不想让别人对我感到失望。

幸运的是，在相遇到分别的过程中，也就是成长的路上，我遇到的人，听过的故事，看过的风景，最后都被我真实完整地记录下来，并且汇成了这本书。能够以铅字的形式呈现在读者的面前，我的幸福感油然而生。

通过这本书，以及这本书里的40多个故事，40多种场景，40多种滋味，我不但能够留住或是找回老朋友，也能够认识新的朋友。我想我永远不会感到孤独，哪怕我以后不写文章了，我还是相信，总有人会因为这本书与我相聚，并且在这本书里看到自己的影子，读到自己的人生，既有过去的安静美好，也有现在的平淡幸福，更有未来的无限可能！

以前以为人生最美好的是相遇，后来发现最珍贵的其实是重逢。如果有天我们在这里重逢了，我希望我们还能以各自喜欢的方式为重逢干杯。你还是可以把我当作树洞或是看成情感导师，对我分享大大小小的事，它们或开心或难过，或悲伤或幸福，我还是会一如既往地把自己认为对的道理说给你听，我还是会为你的留下或是离去而担心。

我是阿识学长，很开心能够在走了这么久的路后，遇见或是重逢这么好看的你。相信我的文字，能够带给你快乐的回忆和对美好的坚持——生活不易，前路坎坷，唯有靠自己才能走出逆境，迎接幸福！

目 录

Chapter 1
做自己的盖世英雄，才能抵挡世间的千军万马

Chapter 2
你若不痛苦，那就请继续

Chapter 3
你不辜负现在的人生，才是对自己最大的尊重

Chapter 4

当你学会爱时，人生其实是一张美丽的画卷

Chapter 5

你不要轻易感到绝望，因为还拥有希望

Chapter **6**
那些无法放弃的人和事，都是你活着的氧气

做自己的盖世英雄，
才能抵挡世间的千军万马

没有人能真正与你感同身受

01

爷爷在医院被查出胆囊癌的那天，我实在忍不住跑到医院的院子里，蹲在地上抱头大哭。

许蓝站在我的旁边，她用手不停地拍打着我的肩膀说："没事的，爷爷会好起来的，你别光顾着哭啊！"

我说："爷爷不会好的，他的癌细胞已经扩散了，要不了多久就会死的。他那么爱我，我不要他离开我，我要用尽一切办法救他！"

"哭是没用的！"许蓝说。

我抬起头，用眼睛死死地看着她，突然发现这个女人有点陌生。

以前不管我遇到什么困难，她总会不离不弃地守在我的身边，劝我坚强一些，勇敢一点。在她的帮助和治愈下，我战胜了很多困苦，熬过了无数个漆黑的夜晚，慢慢地变得坚不可摧。但这次她劝我放手，这让我感到有点失落。

我很绝望，更想不明白，为什么是许蓝，一个我很喜欢的姑娘，在我快要失去爷爷的时候叫我不哭，骗我说一切都会好起来。

悲恸欲绝时，我不接受任何人的安慰和拥抱，甚至特别排斥别人对我说的一大堆道理。我只是想哭，她应该允许我哭，看着我哭，或者是抱着我哭。

如果我说我会想尽一切办法去救爷爷，她就应该毫不犹豫地支持我，并且斩钉截铁地告诉我："你可以的！加油啊！"

即使我知道，有天爷爷会死，就算是我花光了所有的力气和金钱，也没有人可以救得了他。可她就是不能叫我不哭，更不能让我轻易放弃，因为我真正需要的东西是理解和支持，更贴切点说，是别人的感同身受。

但是，我现在才明白，这个世界上根本没有感同身受。有很多事情在没有发生在他们身上之前，没有人可以理解你或者是与你有一样的想法。

因为别人没经历过你经历过的，别人就无法与你感同身受；别人不了解你了解到的，自然也就无法替你做出选择。

02

许蓝不能真正体会爷爷对我人生的重要性，所以她不明白我为什么要哭，还努力安抚我不哭。可是后来有一天，她的妈妈因为车祸被送进医院抢救，许蓝也忍不住坐在医院的走廊上大哭起来。

我努力安慰她不哭。告诉她，一切都会好起来的。

但她却突然对我吼道："你说的这些有用吗？"

顿时，我哑口无言。

我想起爷爷离开人世的那天，我跪在地上哀求医生救救爷爷，我一边喊着爷爷的名字，一边抱着医生的小腿死不放手。我哭声很大，周边的人都吓坏了，他们纷纷向我们围拢过来。

那个医生抱住我，安慰我："孩子，哭吧！大声哭出来就会好受一些。"

我缓慢地抬起头，他却别过头，我看到那个医生也哭了。

他说："我想念我的爸爸了，他就是在这个地方离开我的。肺梗塞。他是我这个世上唯一的亲人。"

曾经因为年轻，我们都无法与别人感同身受，后来面对的生离死别越多，经历过别人经历过的人生，也就慢慢地和别人达成一种默契，即使他不开口，就是静默地站在那里，也能知道他快要控制不住自己了，他确实应该痛痛快快地大哭一场。

03

我在医院工作时，经常会遇到一些晚期癌症患者，他们的身上插满了各种管子，看上去很痛苦。于是，有很多人就会出于对生命的尊重，建议家属放弃治疗，拔掉他们身上的管子或是呼吸机，让他们安静地离开。

但是很多家属根本做不到，他们既不忍心，也舍不得，更接受不了这样一个事实：那么深爱的一个人，那么熟悉的一个人，怎么能够说走就走，永远地离开自己呢？

每个人都懂很多道理，也总是能用很多道理安慰别人，却很难用这些东西真正治愈自己。

有些东西，尤其是关乎生死时，很少有人能够用曾经安抚别人的话来说服自己，真要他放弃治疗的时候，心里总有不甘和不舍。

这种感觉就像谈恋爱一样，有时候你明明知道对方不爱你了，甚至是有很多人都好心劝你放手，但是你却怎么也做不到，仍然习惯继续骗自己，或者是在别人面前证明他还在你身边。

你很爱他，所以你就离不开他。

你很在乎他，所以你就不会轻易放弃他。

你很需要他，所以你就千方百计地想成为他。

真正爱一个人时，你明知道不会有好结果，也要一头扎进去，怎么也舍不得抽身离开。

这种感觉就是，放弃他比放弃自己更加痛苦难堪。

04

在医院里，经常有病人家属会求医生不计代价救他的亲人，哪怕只有 1% 的希望，他们也会砸锅卖铁，求医生用 100% 的努力。

上海"丽莎大夫"分享过这么一个故事：

一个 80 岁老人，因为脑出血入院。

家属对丽莎大夫说："不论如何，一定要让他活着！"经过医生4个钟头的全力抢救后，他活了下来。不过气管被切开，喉部被打了个洞，那里有一根粗长的管子连向呼吸机。

偶尔，他清醒过来，痛苦地睁开眼。这时候，他的家属会格外激动，拉着丽莎大夫的手说："谢谢你们拯救了他。"

家人昼夜轮流陪护老人，目不转睛地盯着监护仪上的数字，每看到一点变化，就会立即跑找丽莎大夫。

后来，老人病情恶化，头部像是吹大的气球，更糟糕的是，他的气道出血不止，这使他需要更加频繁地清理气道。每次抽吸时，护士用一根长管伸进他的鼻腔。只见血块和血性分泌物被吸出来。这个过程很痛苦，老人皱着眉拼命地想躲开伸进去的管子。

每当这时，老人的孙女总低着头，不敢去看。可每天反复地清理，却还能抽吸出很多。丽莎大夫问家属："继续治下去还是放弃？"

家人果断地说，要坚持到底。孙女说："他死了，我就没有爷爷了。"

治疗越来越无奈，老人清醒的时间越来越短。而仅剩的清醒时间，也被抽吸、扎针无情地占据。丽莎大夫心里明白老人死期将至，就对老人的孙女说："你在床头放点薰衣草吧。"她连声说："好。我们不懂，听你的。"

第二天查房，只觉芳香扑鼻。老人枕边躺着一大束薰衣草。老人静静地躺着，神情柔和了许多。

十天后，老人去世了。他去世的时候，肤色变成了半透明，针眼、插管遍布全身。面部水肿，已经不见原来模样。

对此，丽莎大夫反问自己，如果老人能表达，他愿意要这十天吗？这十天里，他没有享受任何生命的权力。生命的意义何在？让一个人这样多活十天，就证明我们很爱很爱他吗？我们的爱，就这样肤浅吗？

不得不承认，作为旁观者，我们都会有像丽莎大夫一样的感受。但是，在面对别人家的生离死别时，我们到底也只是个旁观者，无法跟别人一样感同身受。

病人家属的爱，有时候虽然很盲目，在旁观者面前看起来很肤浅，但是又有谁能够在那一刻，有他这样的感受和经历呢？

如果你不能于他感同身受，或者你曾经也和他一样爱得卑微，爱得丧失理智，还请你不要用你曾经也不能接受的道理规劝另一个人说:"别哭了!"或者是"放弃吧!"

这样做真的太残忍，很绝情!因为你不知道别人的生活，更无法对别人的酸甜苦辣感同身受。这就好比你无法让男生理解女生痛经一样。

作为别人，我们唯一能做的就是，陪在他的身边用心倾听，看他哭泣，等他慢慢好起来。另一方面用一句很流行的话说:你得学着感冒了自己找药吃，饿了自己到厨房找东西吃，痛的时候自己咬咬牙挺过去，你必须学会一个人，没有人能和你感同身受，很多事情你必须经历了才会懂。

做自己的盖世英雄，才能抵挡世间的千军万马

01

我有一位朋友，他喜欢骑行，希望有一天能够骑遍整个中国，进而东南亚。今年三月份，他放弃了在银行的高薪工作，开始了他的骑行之旅。

前几天，他骑到我所在的城市。我记得当时第一眼看到他时觉得挺奇怪，也很纳闷，因为他长得又高又帅，爸妈都是商人，家境也算殷实。既然拥有这么好的生活条件，干嘛还要累死累活，甚至还得冒着生命危险骑行？

"很好玩吗？"和我在一起吃饭的几位大学同学惊奇地问他。

他说："不好玩，就是喜欢。既然喜欢，那就去做呗，不然白活一场。"顿了顿，然后他举起酒瓶问我们："如果你们也喜欢骑行，你们会像我这样去做吗？"

我们都没有回答，只是笑了笑。因为大家心里都很清楚，放弃一份好的工作只为做自己想做的事，而这件事既没有收入，又没有地位，有时候在旁人眼里还觉得很可笑，这得需要多大的勇气和毅力啊。

02

如果是在几年前，我会在做自己喜欢但不讨好的事情之前问问我的父母。当然，我的父母一定不会同意。一直以来，在父母的眼里我是一个特别乖顺听话的孩子。

五年前，父母要我学医，我虽然不太情愿，但还是按照他们的要求去做。

三年前，我告诉父母，我学医实在太痛苦了，想辍学去一家传媒公司上班，那里的老总答应要我，而且待遇很不错。但我的父母死活也不同意，我只好乖乖听他们的，哪怕后来的几个月我连续瘦十多斤，生了一场大病住进医院，也没有谁在探望我时问我每天心里到底想些什么。

当时，我得的是抑郁症加输尿管结石，主治医生说引起这些病的主要原因是我这个人不太乐观，经常情绪低落。

对，主治医生懂我，但其他人都不了解我。他们从来都不会问我，在大学念书时开不开心，或者是我到底需要些什么。他们只知道当医生很好，很偏激地认为当医生就一定有很多额外收入，可以赚得盆满钵满。他们更不会想到，正是因为他们的竭力阻挠和他们所谓的梦想，才把我养成了一个不够自信，容易伤春悲秋的家伙。为此，我失去了很多东西，健康、友情、亲情，还有爱情。

朋友说："人只要自己觉得对就好了，不一定非要活成别人眼中的样子，因为他们又不陪自己过一辈子。所以，我一直在为自己的梦想骑行"。

那一刻，我好像读懂了曾经一直没有读懂的一句话。美国剑手斯马特在击败波兰队时说："我们通常都不被人看好，但是老虎也有打盹的时候，所以我们也时不时地能够赢得比赛。"

对，当别人越不看好我们时，我们就得越努力，越认真。自然而然，我们也会越幸运，越开心。

03

某同学在读高中时就喜欢音乐。2009年，因为对摇滚音乐的热爱，高中毕业的他便放弃了上大学的机会，选择专心搞音乐。当时周围的亲戚朋友当面不说，背地里都觉得他这叫"不务正业"。

当年的他不是很会弹吉他，只能往重庆大大小小不同的演艺公司投简历，成了一个业余歌手，经常跑跑开业活动之类的场子，一次可以拿到100块钱左右，一个月下来能挣一千多。这样"不务正业"的日子，他过了很多年。

搞音乐之余，他学过软件、去过北大青鸟，考过心理咨询师还有会计从业资格证，干过的工作更是五花八门不计其数，但是都干不长。

家人天天闹，觉得他过的不是正常人的生活，但是他觉得只有音乐才最适合自己。于是，他在乐队里坚持干了很多年。虽然那几年，他过得很辛苦，每个月省吃俭用，但是他却很满足。

他说："只要坚持梦想，就有希望。"

也正因为如此，后来他开了一家工作室，承包很多有关音乐方面的项目，赚了很多钱，在当地也小有名气。

尽管很多时候，我们不被看好，可有些事还得努力做下去，有些人还得坚持爱下去。因为你无法讨好或是取悦每一个人，你最应该做的事情就是相信自己，做自己喜欢的事，做能让自己开心的事，做自己认为对的事，如此才能生活得充实美好。

04

青年钢琴家郎朗，他曾经被中央音乐学院的老师轰了出来，那位老师说他钢琴肯定不行，不会有什么好的发展。可是多年后，郎朗却以惊人的毅力考取了世界著名的音乐学府，后来成为国际著名钢琴家，受聘于世界顶级的柏林爱乐乐团和美国五大交响乐团。

有一次，郎朗在接受媒体采访时说："我失去了很多自己的时间，但有得有失，主要是你自己喜不喜欢这个事情，做了之后感觉有没有意义。"

当时，我听到这句话后很感动，便把它抄在了记事本的首页上。

后来，每当我坐在电脑前写不出来一个字或是有人嘲笑时，我就会打开记事本再好好看看这句话。

于是，我拼了命地读书、做笔记、思考、写文章。当然，我也并没有放弃我的专业知识，反而比读大学本科时更加勤奋勇敢，刻苦认真。

研究生学习生涯结束后，因为我的专业能力不错，再加上我的写作能力比较突出，我如愿以偿地进入了喜欢的单位工作。

05

　　记得在抗击"新型冠状病毒肺炎"一线时，很多老师和战友为我能够在辛苦的工作之余，还为传播医院正能量积极撰写抗疫日记而夸奖我，他们都嘱咐我既要努力做好一名医生，也要坚持把文章写好。因为他们觉得我可以做得比别人更好，既治得好患者的身体疾患，也可以处理好他们的心理问题。

　　这让我备受鼓舞，也明白了这么一个道理，因为热爱某件事而选择坚持，才能更好地转变自己的思路，更好地增长自己的智慧。同时，自身也会变得更加积极阳光。

　　如果你有类似的故事或是正在经历差不多的人生时，我希望你千万不要因为别人对你的否定或是拒绝，而轻易放弃自己的兴趣爱好，更不能因为别人的竭力阻扰，就丢了自己那颗为了梦想努力拼搏、炽热忠诚的心。

　　你要知道，只有做自己的盖世英雄，才能抵挡得住世间的千军万马。

你不要太羡慕别人家的东西，自己的才是最好的

01

我跟老师一起上门诊的时候，经常会碰到不少这样的病人：他们总是看不到自己身上的优点或者总是觉得自己不够幸福，却总能把自己的注意力集中到别人的身上，然后拿自己的生活跟别人进行比较，结果滋生一些不好的念头，影响自己的生活。

有一次，老师给一位女患者看病，坐在女患者身旁的丈夫会伸出手来握住妻子的手，用轻松的话鼓励并且安慰妻子。他还会主动对我们讲一些他们生活中的趣事，说到动容之处，他就会转过脸对着妻子笑，好像很开心的样子。

这位女患者并没有理会他，而是不停地向老师抱怨他的缺点。她说，他和别人比起来还不够勤劳优秀，过于唠叨，凡事对她管得太多让她觉得烦。

这时，在诊室里等待看病的另一位女患者，生气地对站在旁边玩手机的丈夫说："你到底是来陪我看病的，还是来玩手机的？你看看别人家的老公有多好！"

女患者说完把头扭到一边，不再理睬她丈夫。她的丈夫一边安

慰她，一边向我们道歉，好像是自己做错了事，打扰了我们给患者看病。

师姐递给我一张纸条，上面写着一行字："别人家的老公永远是最好的，哪怕老公是一样的！"

我看后觉得挺有道理的。

在生活中，很多人总认为别人家的老公比自己的体贴；总认为别人所处的位置，所拥有的东西才代表真正的人生，却很少花时间和精力表扬或是肯定身边最亲的家人。

别人家的东西永远是最好的，哪怕是一样的。

02

我的朋友东子和女友一起吃午餐。东子选了拌面，女友选了泡面。

东子平时吃饭比较快，所以没多久拌面就要被他吃完了，女友看到后忍不住问他："你的拌面很好吃吗？"东子点点头。女友立刻从东子手里抢过拌面，把自己的泡面推给东子吃。

东子同样吃得酣畅淋漓，正要把剩下的汤喝掉时，女友又抢过他的碗，说："拌面一点儿也不好吃，还是让我吃泡面吧！"

东子笑着摇摇头，感叹道："别人家的饭菜总是比自己的好吃，哪怕吃一样的饭菜！"

有时候，我们会羡慕别人家的生活过得比自己的要好，但当我们知道别人也会看着自己家桌子上的饭菜忍不住流口水时，我们也许就不会那么羡慕别人，反而会感到无比幸福。

03

有一次，台湾著名作家林清玄和朋友在一家小卖部叫了饮料，朋友喝了一口便忍不住赞叹起来，问林清玄那是什么东西，为什么会这么好喝？

林清玄感到吃惊，用怀疑的目光看着朋友，告诉他喝的是木瓜牛奶。

林清玄这位朋友虽然出身豪门，但家教非常严格，从小就没有多少自由，不能像别人一样在外面逗留，也不能像别人一样在外面用餐，他的日常生活都是由佣人计划、负责和打理。

他吃饭不用自己盛，出行有专车接送；叠被铺床不用自己动手，房间有人打扫；想吃某种东西或是要买某件衣服，只要他一开口，就会有人替他操办。到了而立之年，他才有了一点点自由，可这自由也只是和林清玄在路边喝一杯木瓜牛奶而已。

相比之下，林清玄的物质生活却一点儿也不富足，甚至可以用穷苦来形容。他出生在台湾的贫困乡村，从小就和父母一起下地劳动，帮大人们做很多诸如扫地、洗衣、做饭等家务活，读书也是靠邻里乡亲接济。

但林清玄并没有因为自己出身贫寒，买不起想吃的零食或是穿不起好看的衣服而感到自卑。对于林清玄而言，能在炎热的夏天和兄弟姐妹们一起吃一根红糖冰棍或是喝一碗绿豆汤就已经是一件非常高兴的事情。

林清玄的父母时常教育他们的孩子要学会知足常乐，和自己比较。比如，今天比昨天多赚了一分工钱，那就要奖励自己一个大大的微笑；今年的学习成绩比去年好了不少，那就应该树立更多的信心，告诉自己要更加刻苦勤奋；现在的生活比过去要平安顺利，那就应该继续努力保持下去。而不是看到别人能够轻而易举地得到想要的东西时，就责备父母没有给自己创造好的物质条件，盲目地拿别人的生活和自己的人生作比较，使得自己身心疲惫，丢失自信。

很多人会羡慕富人家的孩子，但当你知道富人家的孩子不能像你一样在池塘里自由游泳时，不能像你一样在泥地里追逐打闹时，不能像你一样支配自己的时间时……也许你就不会那么羡慕富人家的孩子，甚至还会同情他们。

04

一位家长给两个孩子出了同一道数学题目，规定他们在十分钟之内给出答案。结果邻居家的孩子用了五分钟时间答对这道题，而自己的孩子答对这道题用了八分钟。这位家长很生气，便出手打了自己的孩子。

邻居知道后就问她："你干吗要打孩子呢？"

她说："儿子太笨了！"

邻居从两位孩子手上分别拿过试卷，看了看，然后告诉她："你的儿子并不笨啊，这道题他也做对了！"

她说："可他做得太慢！"

邻居又仔细翻看了一遍试卷，然后笑着说："可你儿子的字写得更好啊！"

听完，她的脸一下子变得火辣辣的。

别人家的孩子之所以聪明，别人家的饭菜之所以好吃，别人家的老公之所以温柔，别人家的生活之所以过得五香十色，那只是因为人的不满足的心理。人们往往以为自己吃不到或是得不到的就是最好的，吃着碗里的便会想到锅里的，明明知道自己拥有的东西也不差，但就是喜欢拿自己和别人作比较。

知足常乐，是做人的最高境界。因为"家家都有一本难念的经"，谁也不一定过得比自己好，谁也没有你想象得那么糟糕。别人的某些东西，或许是你羡慕的，可是等你真正拥有这些以后，或许你又不觉得它们好在哪里。

05

人生在世，每个人都有自己要走的路，也总有些路要你独自走完。如果你总是在路上羡慕别人比自己走得要快，羡慕别人路上有更漂亮的风景，那你就走不好自己脚下的路，自然也就容易迷失在路上。

所以，你不必过于用力和别人攀比，也无须和别人活得一样。只要你觉得做某件事或是爱某个人是对的，它们能够让你感到快乐和满足，哪怕路上是你一个人，你也要勇敢坚持到底，而不能看到路上只有自己一个人就吓得不敢前行。

你也要永远记得，在你目不转睛地注视别人时，别人也会无比地羡慕你。即使你现在穿着破烂，打扮普通，吃的是粗茶淡饭，但只要你觉得无比满足，充满自信，也一定会有人羡慕你过着的Ｔ平凡却充满力量的生活。

对你而言，好好地活下去，勇敢地走出来，及时发现自己的优点和长处，不过于羡慕别人，只和曾经的自己相比，才能活出属于自己的人生。

你就是那个穷人家的孩子，不会怎么样

01

有位读者对我说，她是一个特别自卑的女孩子，因为她的妈妈患有严重的精神分裂症。

上学时，妈妈隔三岔五就会跑到学校里找她，当着同学的面对她嬉笑怒骂、指指点点，让她觉得很难堪。

为了保留自己的面子，在经过激烈的思想斗争后，她决定不让妈妈找到自己，于是拜托学校的门卫大叔将妈妈拦在校外。

她以为这样做就可以避开同学们看她时的异样眼光，找到足够的安全感。但每当下课，看到妈妈孤零零地坐在学校门口反反复复地数着那蓬乱的头发时，她又会觉得好心酸。

她说："学长，我知道我不能怪我妈，但是我有时候真的很恨她。你能体会这种心情吗？你认为我应该怎么做才不会因为我妈而感到自卑？"

她的话突然让我感到非常难过，因为她的故事和我的经历很类似。

02

　　我的妈妈是一个行动不太方便的乡下女人，没有读过书却从小就开始戴着一副将近一千度的近视眼镜。医生说妈妈患有先天性高度近视。

　　读初中时，每逢周末放学，我身边很多同学的爸爸妈妈都是用崭新的自行车接他们回家。只有我的妈妈穿着邋遢，用一辆又破又旧的大板车来学校接我。

　　说真的，那时候我一看到妈妈，想死的心都有，就更不用说我会坐她那用来拉猪粪或是稻草的破车——我不愿意多看妈妈一眼，只是一个劲地埋着头往前走，把她甩得远远的。

　　我生怕有同学会嘲笑我，骂我是个穷孩子。

　　如果你不曾亲身经历过这些事情，你是无法想象到的。

　　在那样一个年纪，我处境相当糟糕：面目萎黄，又矮又瘦，学习成绩还不太好，胆小怕事，时常被同学或者老师使唤来使唤去。

　　他们都叫我鸡架子，一不高兴就会打骂我，拿我当猴子耍。所以，我更不想让他们知道那个又脏又难看的女人就是我的妈妈。否则，我会感到更加孤独害怕。

　　但不管我怎么用尽全力往前走，我都甩不开妈妈。她拉着大板车走在我后面，跟得紧紧的。

　　我偶尔回过头，看到她的影子又黑又长，像是快要把我吞没了。这让我莫名地觉得心慌，仿佛有人在握紧拳头死死地堵住我的血管。我在内心恨死妈妈了。

　　回到家，我将妈妈数落了一番。可她并不生气，好像不知道该怎么对自己的孩子发火一样，反而缩紧脑袋，用一双极其悲凉又暗淡无光的眼睛呆呆地看着我，只字不语。

我知道她快要流泪了。

我并没有向妈妈道歉，只是扭过身子跑到房间里用被子捂着头大声哭起来。

有很多个日子，我们的房里房外都会下雨，密密麻麻。妈妈一定很后悔把我生了下来，让我跟她一起吃苦受累；我很痛恨妈妈把我带到人世间，陪她一起遭罪。

直到有一天我考上大学了，邻居家的张奶奶告诉我，读中学时，我的学杂费都是妈妈去城里卖血，还有用大板车替人拉货才交清的。我才忽然发觉，真正让妈妈觉得自卑痛心的事，是她并没有教出一个孝顺听话的孩子，而不是我因为妈妈又穷又脏就感觉在别人的面前抬不起头来。

03

生活中，能让一个人觉得自卑压抑，孤独难堪的既不是父母，也不是别人，而是我们自己。

如果我们没有能力从贫瘠的生活中走出来，总是一味地站在原地责备父母没有给自己创造一个舒适的生活环境，怪他们长相不好、没有能力、穷酸土气，那么我们这一辈子都不会摆脱卑微的命运，就更不用想自己会在若干年以后过上幸福生活了。

真正聪明并且拥有梦想的人，他们一定不会对命运的安排轻易作出妥协，越是身处困境，他们越能够铆足力气在漩涡中挣扎；越是因为父母贫寒或是有身体缺陷，越能够坦然面对生活，既会努力提高自己的学识和修养，又会主动承担家庭义务和责任，不但能过好眼前的生活，还勇于追求更加美好的日子。

作家方莹曾说："贫穷对一个人来说并不可怕，可怕的是贫穷而不自知，穷而不思变，穷而安于现状，甚至认命。这样的人，往往会被贫穷一生捆绑和纠缠，最后只剩下抱怨、不满和麻木。"

你的父亲或者母亲有身体缺陷，怎么了？

你暂时没有好的物质条件，比不过别人，怎么了？

你出生在贫穷的家庭，怎么了？

既然你不能改变过去的自己，就要想办法改变现在的自己：努力从自己狭隘的思想牢笼中走出来，不但要活得自信，还要过得坦荡，更要活出不一样的灿烂的明天。

你坦然接受成长的样子真好看

01

罗曼·罗兰说，世界上只有一种英雄，那就是认清了生活后还依然热爱生活。有时候，你那热情的心可以被泯灭，但是你那跳动的心不能被埋没。

好多年前，我沉甸甸的一颗心跌落到了家乡屋檐下，我落榜了。

就在后山里，我终于忍不住哭出了声。等我睁开眼睛时，母亲正站在我面前，静默之中，母亲开口了："娃，跟妈在家吧。种庄稼、养猪，饿不死人！"听罢，我暗下决心要为自己挖一座坟墓，让它埋葬我曾经一直以来的倦怠情绪。

不久，我去了一所医学院，虽然它不是我真心想去的地方。我是怕辜负父母的心意。

上大学期间，我还是每晚坚持看一会儿书。若是逢上哪天不开心，我就会跑到学校的操场上戴上耳机散步。有时，听到了一首特别入心的歌曲，我就会默默流泪。我从不认为自己流泪的样子有多难堪，我反而觉得它比没有感觉的笑可爱多了。它能抚平我内心的不安。

后来，我如愿以偿地收到一些作文获奖、文章发表等一些让我开心的消息。我看到自己的生活一点一点有了好转。

或许，等我哪天读完研，离开了这所可以一边学医一边写作的大学校园后，我会觉得自己成熟了，变好了很多。

一位叫大橙花的朋友在我某篇文章底下留言："我觉得每个人必须不断提升自己，这种提升不管是能力还是品味，只要不断努力，生活就算不会太精彩，也绝对不会太糟糕。"

02

不知道从什么时候，我开始发现身边的男人们一旦喝起酒、抽起烟来，就是一副伤心的样子，好像想宣泄什么似的。

我不喜欢喝酒，也不会抽烟。我莫名其妙地郁闷时，就会在浴室一边搓澡一边狂唱歌。我真巴不得对面楼的女生拿着一件还在不断滴水的衣服，探出头来，骂我神经病。

我并不会因此感到气愤，反而会唱得更加高亢，声情并茂。

也许她们会骂我智障。但这不影响我那一刻的快乐心情。

其实，男生也会隔三岔五伤春悲秋，郁郁寡欢，特别想做一些和平常截然相反的事情来，好博得别人的同情或是安慰。

如果某天，你身边的男生从烦恼的日子里熬了出来。作为他的伴侣，你一定要恭喜他平安地度过了危险期，并且鼓励他继续迎着阳光奔跑。

03

有一次，我从 X 城返回老家，搭乘了不少私家车。每个司机都特别豁达善良，他们总喜欢把车里的音乐放得好大声。

我原本不太喜欢听凤凰传奇或是乌兰托娅的歌。可让我感到意外的是，我竟然在那几天格外用心地听他们唱的歌。我总觉得自己的心脏能不断地射出快乐的源泉。

司机甲告诉我，在太阳底下跑着回家的人总是热情阳光，充满期待的吧。

返程那天，当我关上老家大门时，一种莫可名状的心情一下子让我好凌乱，也很忧伤。我叫司机乙把车里的音乐声调小一点。

司机乙问我《离歌》感不感人，我没再说话，自顾自地转头看窗外，偷偷地流泪。

司机乙说，在夕阳下离别的人总会伤感，很怀念过去的吧。

司机甲和司机乙都说出了我的心声，我们就是带着这两种心情上路的。

我们就是在这样一条成长的路上相遇、重逢，还有告别。

安妮宝贝说："告别了，那些温暖的晚餐，喝酒，牌局和聊天。告别了，生活明亮快乐的一刻。她的确喜欢他干净温暖的房间。可是比这份喜欢更明确的是，她知道自己无法停留。把头靠在玻璃窗上，她疲倦地闭上了眼睛。"

04

突然有一天，我特别期待和一些我想要见的人在一起吃饭，住一晚，或是唠嗑好一阵子。

我早早地起床，怀着无比激动的心情等待着。我从没有发觉自己会这般脾气好，心情好，既斯文又帅气。真的，我小小的愿望在那天竟然实现了。

从那以后，我发现自己突然长大了，越来越习惯安于一个人的孤独，不习惯一群人的热闹。

有一位朋友向我感叹，说他大年三十回的家。大年三十，陪家人吃年夜饭，看春晚，感觉很温馨。正月初一，他跟老家的七大姑八大姨拜年，感觉他们老得真快，他们和他握手时，整个身子颤颤巍巍。他有些难过。正月初二，走亲戚，参加各种婚宴酒席。亲戚们问他有对象么，为啥子还不结婚？他感觉内心一下子被掏空了，竟特别希望自己能有个伴侣，很怀念初恋。正月初三，他要走了，老妈站在门口嚷嚷着，明年让他带个媳妇回来过年！他含着眼泪，几乎说不出任何话来，只轻声细语地"哦"了一声。

他要上车了，老爹送他，老爹扶着一辆曾拉他上学的三轮车。

听他讲完后，我沉默了很久。想到朋友的生活，那不就是我自己的么？

曾经因为离别而无法自拔的少年，却终将一个人坐着时间这趟列车渐行渐远。老爹湮没在时间的尽头，一点一点消失。

05

后来某天，我相信有些人选择静默地离开、不理不睬、不喜欢我，肯定是有原因的。

为了找出原因，我也决定悄悄地离开，暂时先把她放下。

我要为了成为她翘首等待的那个人拼命努力，比如：照顾好自己的身体，安抚好自己的情绪；找一份安稳的工作，懂一点艺术；能烧一手好菜，永远保持积极向上、乐观从容的心态，等等。

这世上有很多东西，只有你亲身努力过、坚持过、经历过，才能真真切切地感受得到自己到底适不适合走某条路，去爱某个人。

如果从一开始，你就对自己要走的路，想爱的人心存芥蒂，在脑海里为它们设置各式各样的障碍，那你就不配以贫穷卑微、长相丑陋、没有背景等不好的词汇来慰藉自己，或是"宽恕"别人。

其实，你内心真正需要的都是特别简单纯粹、真实美好的，它们很难被周边世俗观念所左右。真正能让你感到迷惘困顿的是你那颗不够强大，不够坚定，不够勇敢，总想逃避的心态吧！

如果你明明知道自己很卑微，但就是不愿意努力改变这种状态，那你就很有可能永远身陷求而不得的囹圄。

既然你改变不了出生环境、背景长相，那就坦然接受自己，并努力提高自己的谈吐或是素养，学识或者技能。你的努力，总会让你在某个领域发光发亮。

你欣然接受自己，坦然面对生活的样子真的很好看。

既然你哭不出来，那就让眼泪流进心里

01

记得小时候，我是一个特别爱哭鼻子的小男生。

每天一大早妈妈都会把我从床上拽起，她叫我把屋里的地都打扫干净。

我昏昏沉沉地拿着扫把在屋里踱来踱去，一想到还在床上打着呼噜的弟弟，我就会气得眼泪直流，冲妈妈叫道："眼镜子！凭什么只叫我一个人扫地？"

妈妈患有先天性高度近视，我气得想哭时就会叫她"眼镜子"。

每次我和小伙伴在外面玩得疯时，妈妈会扯破喉咙喊我的名字，叫我赶快和她一起下地拔草。我只好悻悻地走回去。一路上，我跟在妈妈身后委屈得直掉眼泪："眼镜子，我想多玩一会儿。"

妈妈做饭太慢，我怕上学迟到，也会坐在灶前急得噉噉地哭："眼镜子，你能不能快点。"

逢年过节，别人家的孩子都有新衣服或是零用钱，但我没有，我会躲在被子里小声抽泣；小伙伴们和我吵架了，我又打不过人家，也会气得呜呜地哭；我去医院拔牙会哭得天昏地暗；比兄弟姐妹少

吃了点东西也会大哭大闹；和好朋友顶了几句嘴也会黯然泪下……

多年以后，当我见过形形色色的人，听过许许多多道理时，即使眼泪已经快流到眼角，我也会憋足一口气，把眼泪憋回去。

长大以后，我们都不太喜欢把自己柔弱不堪的一面展现出来，我们开始善于把自己武装得严严实实、密不透风，好像要做一位从不低头、从不流泪的常胜将军。

02

有一位和我性格不同的朋友告诉我，他从小到大都没有哭过，他压根就不知道自己的眼泪到底有多少，也不知道眼泪有没有温度。

他出身优越，家庭美满幸福，自己做什么事都挺顺心如意的。直到有一天，他失恋了。

他失恋后感到苦不堪言，想让自己酩酊大醉或是痛痛快快地哭一场，可是怎么也想不到自己的眼泪，竟是那么倔强，掉不下来。

我问他："你是真的很爱很爱那位姑娘吗？"

他说："是的。我暗恋她已经整整七年了，直到大学毕业前几天，我看见她和别人在一起了，我突然感到心如刀绞，天旋地转。我找不到任何一种可以让我解脱的方法。我以为我会嗷嗷大哭，甚至会当着所有人的面哭，但我只能站在大街上干号着，就像一只误入沙漠的野兽，喊破了喉咙，叫红了眼睛也不会有一滴眼泪帮我度过劫难。"

那一刻，我突然发现这位近在咫尺的男人竟是柔弱得不堪一击。

他近乎请求地说道："我真的很想哭一次，求求你！"

虽然他说他从来没有流过眼泪，但这次他向我求救的样子在让我感到吃惊的同时，更多的是心酸。

03

如果相信一个人或是不被一个人相信；如果喜欢一个人或是不被一个人喜欢，都可以让我们把自己忘得干干净净、彻彻底底，那么，我多么希望有那么一个人能够在这个时候，穿越万水千山地找到我们，热情洋溢地帮我们安全地度过人生的每一次劫难。

因为人生的每一次劫难，都有可能让我们彻头彻尾地作出改变，甚至还会把我们的身体和心灵都掏空，让我们变得跟周围的绝大多数陌生人一样麻木不仁，从此别人很难在我们身上找到同情心和积极性。

我想，让那位朋友感到真正难受的，并不是离他而去的姑娘长得有多么漂亮、百看不厌，而是他对曾经的一切难以忘怀，但又不得不从梦中醒来，从她的世界抽身离开。

他想哭，因为放不下那个沉湎于爱情全情投入的自己，他哭不出来，因为世界始终在教他要勇敢面对一切，不许软弱。

小的时候，我们哭得声嘶力竭，恨不得让全世界都知道自己受委屈了；长大以后，我们受到更大的委屈，却连哭都只能沉默着不敢发出声音，怕恨自己的人听到笑话我们，更怕爱自己的人听到为我们担心。

你明明很难过，却总是哭不出来。这种感觉就像你的喉咙被什么东西抓住一样，你愈是铆足力气吼叫，它抓得愈紧。你明明很想流泪，却只能把头抬起来。

既然你哭不出来，那就让眼泪流进心里吧！

你放心好了，努力踏实的人不会吃亏

01

我曾经是一个很不愿意动手干活的人，哪怕是我的亲戚再三呼唤或是央求我，我也会嘀嘀咕咕，磨磨蹭蹭。我生怕自己帮他们干了一点活就会吃亏，甚至还会累到自己。

但事实上，努力干活，无论是做自己分内的事，还是无偿帮助别人。不但不会让自己受累，还会因此积累不少经验或是人脉资源。特别是当你帮上司努力做好一件事，他不但会因此表扬你，以后还有可能对你委以重任，愿意把更好的项目或是更有价值的事情交给你做，让你变得出类拔萃、与众不同，实现质的飞跃。

努力干活、踏实做人是一个人必须具备的最起码的品质，这比一个人的五官长相还要重要。

你长得不好看没有错，这是爹妈给的先天基因，你改变不了。但如果你既不努力，也不踏实，又长得难看，还穷，那就有点尴尬了。

02

我的好兄弟春哥在一家比较大的公司从事策划工作。刚开始，他和身边的同事一样，每次上司要从中找一个人陪他加班做点事，他就会叫苦连天，纷纷把脑袋缩起来，谁也不肯积极主动地站出来答应上司。

上司只好点名春哥，因为上司久闻春哥博学多才，能力不凡。

春哥不得不接受上司交给他的任务。

和同事聚餐拼饭时，春哥总当着他们的面抱怨上司。上司让他做了那么多事，干了那么多活，不但没有帮他加薪，还从没有当面表扬过他，好像做那些事是天经地义的一样。这让春哥感到特别不爽。

有一次，上司又找到春哥帮忙做一件事，是一个比较大的项目。但那次春哥拒绝得很干脆，他说自己没空，让上司找别人试试。

上司有些失望地离开了。

一周后，公司分部的企划部副经理离职。上司决定在公司企划部挑选一名优秀员工继任。大家都把目光聚焦在春哥身上，认为这个职位非他莫属，这让春哥有点不好意思起来。但就在此时，上司却宣布分公司企划部副经理一职由小张担任。

春哥怎么也想不到能力一般，坐在自己对面的小张竟然让上司如此器重，他觉得很难理解，于是跑到上司办公室问个究竟。

上司把小张和春哥几个月以来的工作量和业绩情况摊在办公桌上进行对比分析，春哥才恍然大悟，原来前几个月上司是在同时考核自己和小张的综合能力。

春哥虽然比小张更有才能，但他每做一件事都会抱怨，总觉得自己受了天大的委屈，只是应付工作，很少在实际工作中发现问题并解决问题，所以上司交给他做的工作完成得也是漏洞百出。

相反的是，小张能力一般，但她对待工作既不埋怨，也不挑肥拣瘦。她积极努力做事，踏踏实实做人，保质保量地完成上司布置的任务，因此才得到公司领导们的一致肯定。

生活中，有很多像春哥一样有能力却不够努力、不够踏实的人，他们总以为只要凭借自己的才华或是天赋就能够惊艳全场、脱颖而出，不去积极努力做更多的事，从而导致自己止步不前，最终被出身平凡但又努力踏实的人赶上、超越。

03

我的同学猫哥一直喜欢班上的某个女生，从高中到现在已经整整 8 年。虽然大家公认猫哥长得最帅又有才，只要他稍微加一把劲就能够追到女神琳琳。但猫哥就是不肯为此努力。

上高中时，他明明写好了情书叫我们送给琳琳，但当我们从他手中接过情书时，他又开始反了，拼尽全力抢回情书并撕得粉碎。

读大学时，猫哥和我在南方，琳琳在北方。我劝他："哥，如果你还喜欢琳琳，那你就真应该多去哈尔滨陪陪她，尤其是她过生日的时候。"

猫哥说："好。"

我目送猫哥去火车站，他确实上了那趟开往哈尔滨的列车。但琳琳后来告诉我，猫哥一次都没有去哈工大找过她。

前几天，琳琳姑娘发消息跟我说，她年底要和别人结婚了，但她心里还放不下一个人。我知道这个人肯定是猫哥，于是我找到他，想和他好好聊聊。但猫哥只跟我了一句话，他说："我也放不下她啊。"

那个夜晚，猫哥喝得酩酊大醉。直到现在也做什么都没精打采，闷闷不乐。

我不知道猫哥的内心是怎么想的，但如果他是真心喜欢琳琳姑娘，那他活该自作自受，不值得任何人同情。因为一个不懂得为爱情积极努力的人，是没有担当的，更不值得托付终身。

04

我们都知道，努力爱一个人，踏实做一件事并不意味着会立竿见影，取得成功。但是不去努力爱一个人，不去踏踏实实做一件事，就一定不会有结果。

努力爱一个人，结果可能会失败，但是起码不会遗憾，而且在这过过程中，我们还会成长。因为我们在为爱拼尽全力的过程中，会不断地充实和完善自我，使得自己无论在能力还是其他方面都有新的突破。

你曾经竭尽所能地爱过一个人，未来也一定会有人死心塌地地陪伴你。

要记住，你踏踏实实做过的所有事，认认真真爱过一个人，都不是坏事。这些或大或小，或开心或难过，或精彩或暗淡的事，都将成为你人生当中隐形的、弥足珍贵的财富。

所以，无论是有人叫你额外多做一件事也好，你的闺蜜或是朋友叫你铆足力气对一个人告白也罢，既然不能或是不情愿拒绝，又不想或是不忍心逃避，那就竭尽全力、踏踏实实地去做。总有一天，你的努力会换来命运的眷顾，让你好运连连。

即使你无法改变命运，但至少来过这个世界

01

有一天，一位年轻人在路上碰到一位禅师。年轻人问禅师："为什么我这么努力，还是改变不了自己的命运？"

禅师没有直接回答年轻人，而是反问他："那你在改变命运的过程中，有没有拼尽全力呢？"

年轻人想了想，然后点了点头。

禅师笑着说："人分两种，有一种人不知道怎样改变自己的命运。"

年轻人听后，立马又问禅师："另一种人，是正确地走在改变命运的道路上吗？"

禅师摇摇头，说："另一种人想改变命运，但他误以为人的一生很长，会有很多一辈子，可以不用一直努力，可以在每次失去或是犯错以后安慰自己下辈子重新来过。"

听完禅师的话，年轻人有一种醍醐灌顶的感觉。

晚上，年轻人回到旅馆对同行的伙伴说："我不能再逃避了，我得回家好好工作，好好生活，我还是可以改变命运的。"

听完年轻人的话，伙伴们都感到吃惊，忍不住问他："你不是说

你改变不了命运吗？"

年轻人告诉大家："即使我改变不了命运，我也要继续努力为我的下一代改变命运创造一点条件。即使我改变不了命运，我也要用力证明我来过这个世界。"

02

上面故事里的那位年轻人其实是我的堂哥。他在 20 世纪 90 年代就考取了大学，是村里的第一位大学生，到过很多地方。别人都以为他很有钱，日子过得相当滋润。但只有他心里最清楚，自己活得很累很糟糕。为了交房租，供孩子读书，帮妻子看病，自己穷得舍不得买一件新衣服，平时吃得也很随意，每天上班都是提前两个多小时起床赶公交车。

他虽然在大城市打拼了十多年，但逢年过节还是不敢回家，他的爸妈现在都是 60 岁的人了，依然要靠种十多亩的水稻田和去外地打零工养活家庭。他们不要堂哥寄钱回来，因为他们想让堂哥改变命运，在大城市扎根。堂哥每天都被这种无形的压力压得喘不过气，他很想辞掉工作去外面走走。

某年年初，堂哥把老婆和孩子送回老家，然后一个人去了西藏。他是在到达西藏后的第三天遇见了那位禅师。

正是禅师的点拨，才让堂哥不再像从前那样遇到困难只会抱怨、埋怨命运的不公，把自己往死胡同里赶，不懂得倾诉和自我调控；而是在磨难面前，积极地做出很多的调整和改变，懂得释放压力，学会欣然接受自己，坦然面对生活。

人的一生的意义，并不只是在于结局。一个穷人靠自己的努力变成了富人，他的一生是有意义的。但最有意义的是，这个穷人在改变命运的过程中培养了自己的个性和品质。因为在这个过程中我们能清楚地知道，自己来过这个世界，这个世界有我们的痕迹。我们没有平凡地重复他人的人生。

03

我曾经在医院里看过很多病人，当他们得知自己罹患绝症时，每天都哭丧着脸，既不愿配合医院的治疗，又不肯接受别人的鼓励。他们每天掐着指头盘算自己到底还能够活多久，数着数着就开始号啕大哭或是不吃不喝，好像自己马上就会死一样，完全失去了理智和挑战命运的勇气。

其实，我们都知道每个人都有可能随时结束生命。这个世界上有很多人是带着病生活和工作的，人活着本身就会面对各种各样的潜在危险，过分地担忧自己此时此刻的命运，只会把自己推向绝望的谷底。

一个人虽然不能在有限的生命里改变命运，达不到最佳的理想状态，但他努力过、奋斗过、爱过、恨过，哭过也笑过，同样也可以定义为他改变了人生。因为人们改变命运的结果或目的应当是一致的，那就是证明自己曾经来过这个世界。

当我们在面对无能为力的事情，回不去的过去，无法预计的未来，以及那些再也不可能见到的人时，我们只有摆正好自己的心态，努力过好接下来的每一天，才不会辜负自己，不会带着遗憾离开。

你并不是什么东西都没有改变或是留下，你至少而且一定留下了反抗的痕迹。唯有反抗和永不放弃，才能留下最后的尊严。

人生之所以精彩宝贵，是因为你懂得反抗，总在迎难而上不会轻易对命运作出妥协

Chapter 2

你若不痛苦，那就请继续

你读这么多年的书，就是想好好活一次

01

我觉得我们的父母和身边的亲朋好友，好像对我们能成为什么样的人有一些误解。

他们总认为我们接受了更好的教育，比如，拿到了博士或是硕士文凭就一定能够进入很好的单位，不但工作体面，而且收入也可观。

其实不是的。

以前我没有明确内心到底喜欢什么，适合干什么，和周边的人一样，就是靠不断地刷学历来暂时逃避就业，认为更高的学历就意味着选择的机会更多。

但是多少年以后，很多东西的含金量也下降了，一些好的单位人才也趋近饱和，他们很少再招人。尤其是对于那些想留在故乡的人，可能这个时候也只能等待机遇。

有时候为了一个岗位，我们不得不和来自四面八方的人才竞争，他们可能比你学历更高，学府更有名气，能力也可能远超于你。经过严格的审核、考试、笔试，到面试、体检、政审……

最后你可能失败了，同时还投入了很多的时间和资金。特别是那些参加省考或是国考的人，他们为了拿到一个 Offer，花了很多钱报各种培训班，甚至连续几年报考，都没有考上。他们同样也是受过高等教育的人。

有人成功了。这些成功的人为了这份工作要背井离乡，到一座陌生的城市从头开始。而且在那样一家事业单位，他们的工资待遇可能还不足以养活家人。

我希望父母和亲朋好友能够理解像我们这样的人。

并不是你们辛辛苦苦供我们读书，我们读的书越多就意味着一定能够赚到很多钱，过得比别人更好。

对于我们这些来自农村的孩子来讲，我们没有留在村里跟你们一样起早摸黑地下地干活，我们只要有希望或是有能力在小城市买得起房，养得起娃就已经足够努力，相当厉害了。

其实，所谓的知识改变命运，就是走出贫穷的村落到基础设施齐全的城市，为下一代创造更好的物质和精神文明就可以了。

02

有人说，读书的目的是为了读出自己无知的一面，以至于我们能够敞开胸怀过上属于自己平凡且宁静的生活。

贫穷的根源是无知。我觉得摆脱无知就是当初你们辛辛苦苦供我们读书的原因。而不是把读书和赚钱画等号。

每次我回到老家，就有亲朋好友羡慕我学历高，以后一定可以大富大贵。在他们眼里，高学历就等于有钱有势。

说实话，听到这样的"夸赞"我并不高兴，反而觉得有些紧张。

因为我清楚地知道，当前国内的就业形势很严峻，想要找到一份比较好的工作很困难。

高学历也不一定能找到一家好单位，就算找到一家好单位也不会让你腰缠万贯。

举个简单的例子：我大学本科毕业后，可以进入 A 单位。但是我放弃了，选择考研，我认为研究生毕业以后可以找到比 A 更好的单位。但是三年后，A 单位对学历的最低要求是研究生，有不少同等学历的人已经报名了，这个时候我报名了还不一定能够顺利录取。即使我足够努力并且幸运地进入了 A 单位，我的工资待遇也不会有很大提高。

在很长一段时间，我会有一种内疚感，因为我比别人多花了三年时间，结果还是兜兜转转又回到原来的地方。

这同样也揭示了一个普遍的社会现象：我们的学历越高，期望值也就越高，反而可以选择的范围越来越小。

好的单位进不了，不太好的单位不想去。别人以为你可以过得很好，自己也以为可以混得不错。到头来，伴随着巨大的压力你反而活得不成人样。

所以说，如果一个人把读书和赚钱等价起来的话，那对这个人而言简直是灾难。他会为了赚很多的钱去读很多的书，一旦没有在书中赚到足够多的钱，他高学历的形象不但会在别人面前大打折扣，就连他自己也会怀疑继续读书和活着的意义。

从某种程度上来说，我认为读书是为了获得一份比较稳定的工作，可以更好、更加宽容地去理解这个世界；可以更好、更加坦然地接受人生的变化无常，可以平凡地活着。

03

2018 年，我到四川东部的某座城市应聘。

我所应聘的单位是一所高等院校，虽然刚刚创建不久，但是给出的待遇还是挺不错的。硕士研究生学历直接给十万元的安家费，提供过渡性住房，纳入事业编制，年薪也有十多万。

而博士研究生则有四十万的安家费，享受人才公寓，也是事业编制，年薪更高一些。对于所有前去参加面试的求职者，还报销往返车费，提供免费住宿。因此吸引了不少求职者。

和我竞争同一岗位的有两位博士，都毕业于国内比较知名的医科大。其中有一位博士还发了几篇 SCI，拥有一项专利和几个课题。

按常理，学历和能力如此突出的他完全可以拿到很多单位的 Offer，但是他偏偏选择了这所很普通的高等院校。

他说："我努力读这么多的书，为的就是有天在一座普通的城市找一份比较稳定的工作，过上平凡的生活。我现在知道自己喜欢什么，适合干什么。我要跟着自己的感觉和内心走。别人说去大城市好，可我偏不喜欢留在大城市。在大城市，别人给你的或是自己给自己的压力实在是太大了，很难做自己，也不容易活出自己。"

不可否认，大城市充满很多诱惑，也有不少机遇。但是对于那些在后来真正找到自我的人来讲，他们知道自己不适合大城市，不希望自己被别人贴上高学历就意味着高收入的标签，更情愿投奔到小一点的城市施展才华。

他们情愿在小城市做鸡头，也不愿去大城市当凤尾。

04

记得李嘉诚先生说过这样一句话："读书虽然不能给我们带来更多的财富，但它可以给我们带来更多机会。"

我认为，他所提到的"更多机会"实际上就是，能够在有一天认清自我，接近内心。而不是把自己牢牢地绑在父母或是别人身上。

当他们认为你读的书越多，就应该赚得更多时，你可以勇敢地说"不"。你可以坚决地回怼他，读书，只是为了让自己比过去的自己更好，而不是和利益挂钩较。

无论是过去还是将来，对于你的出身，你都不应该埋怨。

如果你是穷人家的孩子，你就大胆地承认这一点，不应该为此嫌弃你的家人，也没有必要爱慕虚荣。

他们能够竭尽全力地养大你，供你读了那么多年的书，其实你应该感谢。感谢他们的生养之恩，让你成为有知识并且有风度的人。感谢他们能够让你慢慢地找到自己，并且可以勇敢地做自己。

从前古人十年寒窗苦读，我们可能是二十多年寒窗苦读，但也不一定能得到很好的结果。

只是，读了这么多年的书，我对人生有了更深层次的认识，也越来越越明白我该做一个什么样的人。

读书，唯一教会我的，就是怎样以更好的姿态过完这一生。

只有你才是那个可以真正治愈自己的人

01

人生中，也许你会历经很多沧桑，但那些沧桑的经历不是要去让你变得手足无措、麻木不仁，而是要时刻提醒你该怎么过好接下来的生活。对自己好一点，快乐面对每一天。总有一天，适合你的某个人会千里迢迢赶来眷顾你。

深夜，有两年没有联系的网友娟子姑娘发来一条微信消息。

她说："阿识学长，看你在微信公众号里写过不少有关情感方面的文章，想必你对这个东西或多或少会有了解，所以很抱歉打扰到你。我前两天和相爱六年的男朋友分手了，很难过，感觉自己走不出来了，相当痛苦，什么都不愿意做，就是想哭，想骂人。阿识学长，我是不是很贱呢？"

我不知道如何安慰她，只回复了一个字："哦。"

过了没多久，娟子姑娘又发来一条消息："阿识学长，你现在有空吗？我能给你打电话吗？"

碍于面子，我给了她电话号码，她很快打来了电话。刚接通，娟子姑娘问我，对于她失恋这件事，有没有什么看法。

坦白讲，我对娟子姑娘并不了解，尤其是对于她的情感经历，我更是一无所知。我和她之所以能够成为网友，是因为曾经我在国内一家 BBS 担任版主时，当时刚上大学的娟子姑娘发的一条帖子。

大概内容是：她读大学后，会时常感到迷茫困惑，想寻求一些好的建议。看到这条帖子后，我给她发了一条很长的私信，谈了谈我的经历和感悟。可能是她觉得我说的话挺管用的，能够引起她的共鸣，并且还能治愈她，便问了我的微信号。我们成了网友。

但是，娟子姑娘从来没有在微信上和我聊过天。我们平时就是点赞或是评论彼此的朋友圈，没有更深层次的接触。

所以，我并不了解娟子姑娘，更找不到任何词汇去描述或是点评她最近所经历的情感生活。我只能在电话里头劝她别难过了，一切都会好起来的，还是早点休息吧。

娟子姑娘觉得我对她毫不关心，有点生气地质问我："难道你们男人都是这么冷漠无情吗？"

我说："不是的，不是你想的这样。"

娟子姑娘又断断续续地向我讲起她的爱情故事。讲到动容之处，她就会问我："阿识学长，你怎么看？"

可每当我要开口回答她时，她又抢过我的话，不让我说。这让我觉得有点难堪。

在生活这个大舞台上，你扮演主演也好，配角也罢；是倾诉者也好，倾听者也罢，都会陷入这样一种尴尬的情节，你回答对方的话，对方说你婆婆妈妈，啰里啰唆；你缄默不语，对方又说你心不在焉，满不在乎。

其实，他们在向你请教以前，心里早已经有了答案。他们这么做的目的，无非就是想让别人认同自己，能够站在自己的立场上处理问题。一旦你不支持他，甚至还很反对时，他肯定会生气，埋怨你。所以，有些人，只是路人，成不了永远的朋友！

02

我在网上看过这样一个故事：

有一对情侣，男的很懦弱，做什么事情之前都会让女友先试。对此，女友感到十分不满。

有一次，他们一同出海，在途中遭遇了飓风，小艇被摧毁了，幸好女友抓住了一块木板才保住了两个人的性命。

女友问男友："你怕吗？"

男友从怀中掏出一把水果刀，说："怕，但有鲨鱼来，我就用这个来对付它们。"

女友看了看他，然后摇着头苦笑。

不久，一艘货轮发现了他们。正当他们欣喜若狂时，一群鲨鱼出现了，女友大叫："我们得拼命游，一定会没事的。"

男友却突然用力将女友推进海里，独自搭着木板朝货轮游去，并喊道："这次我先试！"

女友十分生气，望着男友的背影，感到非常绝望。

鲨鱼正在向女友靠近，但又忽然对她不感兴趣，径直向男友迅速游去，男友被鲨鱼凶猛地撕咬着，他发疯似的冲女友喊道："我爱你！"

女友获救了，甲板上的人都在默哀，船长坐到女友身边，对她说：

"小姐，他是我见过的最勇敢的人。我们为他祈祷！"

"不，他是个胆小鬼。"女友冷冷地说。

"您怎么能这样说呢？刚才我一直用望远镜观察你们，我清楚地看到他把你推开后用刀子割破了自己的手腕。鲨鱼对血腥味很敏感，如果他不这样做为你争取时间，恐怕你永远不会出现在这艘船上……"

听到这里，女孩的眼泪慢慢地落下来。

人生中，也许你会遇到一个胆怯甚至还很懦弱的人，看到他活不成你喜欢的样子，你也许会感到失望透顶，你以为和这样的一个人在一起了就一定没有明天，你觉得自己的这一生可能会毁在他的手上。但有时候，往往又是这个人的出现，才使得你逃过了人生的劫难，获得重生。

世界上没有绝对的懦夫，也没有谁特别糟糕。真正爱你、疼你、关心你的人一定会为你的生，舍得替你死。

03

有个朋友跟我说过这样一句话："深夜失眠时，不要轻易向任何不熟悉的人诉苦，因为20%的人不关心，剩下的80%听到后很高兴。"

当然，这样说难免有些绝对化，如果让我说，则应该是："除了亲人或知心朋友之外，不要向任何许久不联系或是熟悉的陌生人诉苦，因为20%的人不关心，80%听到后很高兴。"

与其找一个许久都没有联过的人倾诉，还不如独自忍受这份痛苦。因为突然某天和一个好久没有联系过的人联系一次，这不但显得有些唐突，还让人觉得很功利。更悲哀的是，一旦对方没有说出你的心声，或是和你的价值观不太一样，你反而会更加情绪失控，感到越发孤苦难受。

另外，对于许久都没有联系过的人，想必你也没有把他当作知心的朋友，也没有让他真正融入到你的生活当中。如果你把一个人当成贴心的朋友，你一定会忍不住和他说话，也一定不会隔那么久才去联系他，更不会只是在自己最需要帮助的时候才想起他，找到他。

你把别人摆在什么位置，同样别人也会把你放在什么位置。人生中，是否有人安慰你、鼓励你、帮助你，取决于你对待别人的态度。

04

我的兄弟常大哥曾经做过这样一个调查：

如果有一天，你心情低落，觉得难过无助，想找一个人倾诉，给十个许久没有联系过的朋友打电话，会有 4 个人手机关机，3 个人拒绝接你的电话，还有 3 个人接了你的电话，但是这 3 个人都会感到不耐烦，甚至这 3 个人当中会有 1 个人骂你神经病。

但是，如果你给时常保持联络的知己或是父母打电话。不管你打多少次，他们都愿意接听，不管你打得多么晚，他们都会陪你聊下去。

对于他们的劝导，你也会认认真真地听取并反省，而不是像跟普通朋友联络时一样，既不真诚朴实，也不刻骨铭心，没有说几句话，就会把天聊死，或是说了很多话，却一句话也没有记住。

更憋屈的是，对普通朋友你不但要客客气气、规规矩矩，还要时刻保持警惕，甚至有时候还得揣测一下对方的心思，生怕哪里不对就激怒了对方，做不成朋友。

你明明是想找一个人诉说内心的苦恼，宣泄一下烦闷的情绪，结果却在这场谈话当中陷入左右为难的局面，不但得不到灵魂的救赎，反而暴露了你的脾气和秉性，让双方感到空虚紧张、惴惴不安。有点得不偿失。

05

人生中，我们常常以为自己举足轻重，无可替代，但现实往往是你因为高估自己，而给生活徒增很多负面的心理负担。

不管你走过多么艰辛的路，有过多么悲惨的经历，受过多么严重的伤害，都要学会自己来消化。因为这个世界上没有感同身受，别人给你的安慰或是满足感也只是暂时的，就好像梦幻一般，过后只会让你内心的恐惧和焦躁肆意蔓延。

另外，别人也没有义务和责任，放弃宝贵的休息时间听你宣泄情绪。你若是真的想要摆脱身体的束缚或是心灵的枷锁，获得真正的安全感，唯有让你的内心变得充实起来。

比如，孤独空虚时，你可以尝试着静下心来，在书房里读一本好书，或是坐在床头看一部喜剧电影。

伤心难过时，你也可以塞上耳机，在宁静的小道，一边漫步，一边听一些舒缓治愈的歌曲。

当然，未来你难免还是会因为被爱人放弃 而有伤心难过的时候，到那时估计你会喊上几个贴心的朋友，跑到路边摊或是酒吧大哭或是大醉一场。这都有利于你宣泄情绪，释放压力。

　　总之，能够在愿意午夜了解你的忧伤，并给予你及时抚慰的人，除了懂你的知己或者父母，便是你自己。

　　因为只有自己真正学会了隐忍、独立、知足、思考时，才会在，纷繁复杂的世界里，找到越来越多的信心和勇气，面对接下来的未知人生。

最真实美好的人生，是你年轻敢为的时候

01

几年前，有位中学生在我的微信公众号后台问我能不能帮她写一封求助信。

小姑娘的父母在她很小的时候就因意外事故去世了，她平时跟着爷爷奶奶生活，大伯供她读书。本来一切都挺好的，可就在她刚上初三时，噩运再次降临，她被查出患有白血病，需要很大一笔医疗费。她家里实在太穷，根本没钱看病，也没有人能够帮得上她。

身边的同学和老师时常鼓励她要努力活下来，要相信"吉人自有天相"这句话。

她问我信不信。

我说，我相信。

然后，小姑娘极其可怜地求我一定要帮帮她。我答应了。后来我在周末坐了十几个小时的火车，又转了好几趟乡村大巴来到她的家里。

事情确实和小姑娘说的一样。

回来后，我的心情特别沉重。于是，我熬夜帮她写了一篇求救信。

我把这封求救信交给当时在报社工作的新闻记者朋友（我曾经在他们负责的刊物上发表过文章，认识一些记者），但那位大哥对我说："你还是省省心吧，没有用的。这样的事在国内天天上演，没有啥吸引人的地方，不值得报道。"

也许你无法想象到，那位大哥说的这番话，对当时还在医学院校读书的我打击有多大。

年轻时，谁不是怀抱一颗热情的心？总以为通过自己的一番努力就能够改变自己，影响别人，最后让世界变成自己喜欢的样子。但多少年以后，当我们路过形形色色的人群，经历过大大小小的事情，我们很快又会被这个现实世界肢解得不成人样，支离破碎。

因为那位大哥的话，我没有继续努力帮助小姑娘。小姑娘也在一年后去世。她的同学告诉我，小姑娘是喝农药自杀的。

我感到无比的难过、自责。因为我在年少时也在无助中萌生过很多次死的念头。但我并没有死成。我是一个很幸运的人，每次我想自杀时，命运就会安排好心人救我，尤其是隔壁家的张奶奶，她总是在我最困难的时候给予我精神和物质帮助，这令我在感动之余，活得越来越有底气。

相比之下，小姑娘是不幸的。因为我的意志不够坚定，信了那位大哥所说的话而没有继续为她另想办法求助，让她感觉很绝望。

她一定是带着无尽的失望离开了这个陌生又冷酷的世界，去了她认为温暖的天堂。

02

我记得读研一时，教外语的老师在课堂上会奉劝我们："等你们当了医生，我觉得你们还是要明哲保身的好，见到快要死的病人最好不要先动手，人家有医疗上的事向你咨询也最好不要说话，不要自己给自己惹麻烦。当下，医患关系多紧张啊。"

她说的话不知道有没有道理，但对某些人而言兴许是挺管用的。因为有些人在融入现实社会以后，他真的会作出彻头彻尾的改变。为了自我发展，为了生存，不得不变成自己特别讨厌的那一类人。

生活在这样一个复杂多变的世界里，我们本没有资格对别人想要的人生指指点点或是评头论足。所以，在面对和自己价值观截然不同的人时，我们只会觉得心寒而已。

如果一个人没有真正经历过你所经历的人或事，那这个人就很难读懂你，甚至还会曲解你。

2020年春节前，邻居家的小孩问我："哥，如果我看见过马路的老爷爷摔倒了，你说我要不要过去帮他呢？"

我说："当然要啊。"

他继续问："真的可以吗？"顿了顿又说，"但我的爸爸说不可以，他是一名老师哦。爸爸说的话应该不会骗我！"

临走时，我拍了拍他的头，说："我和你爸爸不一样，哥哥还是年轻人，没有你爸爸年纪大。"

他似懂非懂地点了点头。

03

春节期间，"新型冠状病毒性肺炎"开始在全国大范围爆发，各省市县陆续启动重大突发公共卫生事件一级响应。为积极响应党组织的号召，作为一名共产党员，尤其是一名热血年轻的医生战士，我主动报名申请参加一线防疫工作，投入到了这场没有硝烟的战场。

爸妈和亲戚知道这件事后，他们都很担心，觉得我体瘦多病，怕我胜任不了这份艰苦的工作，特别是他们知道我所在的单位都没有几个人主动报名到一线抗疫后，更是不愿意让我去。我的爸妈，包括一些村里人都好心地劝我，大概意思是，我还年轻，刚参加工作不久，经验匮乏，没有必要冒这种风险。

经过激烈地内心挣扎，最后我还是收拾好行囊，准备离开村子。临走前，妈妈把从庙里剪回来的一小块红布塞进我的衣兜里，她说："娃，你很年轻，想做的事妈也拦不住你，既然你决定好了，我也就顺了你，但是你一定要珍藏好这块红布，大神们会保佑你平安归来的！"

虽然我是一名普通党员，不能信奉这些，但这毕竟是妈妈对我的一份牵挂，我一定要保管好它。是她生养了我，送我进了医学院，后来又把我培养成一名医生。她的悉心关怀和照顾，让我在这条成长的路上一直安然无恙。

现在她要把我送去抗疫战场，虽然她会有些担心害怕，但还是足够放心。因为现在的我还年轻，既可以说服自己的良知，又可以安抚好亲人的情绪。

我满怀着一腔热血，充满着无限可能。

走出院子时，刚好碰到邻居家的那个小孩，他问我去哪里。

我摸了摸他的小脑袋，笑着告诉他说："小弟弟，路上有人摔倒了，大哥哥得出去把他扶起来。"

他慢慢地抬起头，看了看我，然后又把头转向后面："嗯，知道了，哥哥快去吧，加油！"说完，他冲我竖起了大拇指。

我背着行囊越走越远，偶尔回过头看看宁静的村庄，却看到邻居小弟弟一直在定定地看向远方。

一个人心中有大爱，人生何处不花开？一个人的爱中有真情，人生何处不春天？内心善良纯净、温暖有爱的人，无论走到哪里，都不会畏惧现实的黑暗。因为那里有责任，有担当，有敢于挑战困难的决心，更有勇于做自己的表现。

04

记得孔子在《论语·宪问》里说过这样一段话："君子道者三，我无能焉，仁者不忧，智者不惑，勇者不惧。"意思是说，如果一个人拥有一种善良仁义的情怀，他一定可以保持内心的坦荡和平静，这样的人才懂得坚守自我。

其实，不管是贫穷还是富有，我们都不应该因为别人的举止行为，或是价值判断就轻易丧失了自我意识，丢失了自我本真。

人生最大的学问就是，在帮不了别人的时候，依然可以主宰自己的命运，做自己的主人，而不只是成为别人的工具，沦为生存的奴隶。

一个人的真正美好在于他和别人不一样。他不但果断自信，还勇于担当，更敢于同心中的黑暗作坚决的斗争。他不会因为觉得一件事难做或是恐怖，就选择逃避或是放弃，而是在经历过很多次血淋淋的教训后，还能够不忘初心、砥砺前行，做最好最年轻的自己。

你的运气不好，那就努力干到底

01

有些人总说自己之所以不能把一件事情做好，不能取得理想的成绩，是因为没有好的运气，没有得到上天的眷恋。但他并不知道，一个人的成功实际上是取决于自身的付出和努力。

如果你不够努力，付出不多，没有实现某个目标，就别抱怨自己的运气不好。其实，运气只会留给有准备的人。

一位和我一样喜欢写作的朋友问我："阿识学长，为什么你的个人微信公众号比我的人气要旺？我的写作功底也并不比你差多少呀，文章也一直被一些媒体转发。我都坚持做了一个多月，但就是没有什么起色。真的快要放弃了。真希望我能够一夜爆红！"

听他这么一说，我突然觉得有些好笑。他只晓得现在的我比他做得要好，但并不知道我比他付出的更多。

为了做好我的公众号，我都持续日更几年了，更何况我是从传统纸媒转型到新媒体写作。当然，这并不表示我已经很努力了。相对于更加勤奋，更加厉害的作者而言，我努力奋斗的程度很有可能不及人家的十分之一。

越是比你努力、比你执着、比你踏实的人，他的运气往往比你要好，他获得成功的机率也就越大。

但很长一段时间，我的运气并不好。这也许就能够说明我还不够努力，不够认真。

事实上，我是努力不够，付出不多。那段时间，我没有好好静下心来多读几本有意义的书，也没能真正深入了解生活。总是为了迎合别人的兴趣爱好写些言不及义，废话连篇的文章。

一个人，如果既拒绝读书，又不愿意走出家门，那么他的思想和灵魂只会停留在事物的表面，根本不可能深入到事物的核心。这样的一个人，其实是不够努力的，运气也不会有多好，也许还会越来越糟糕。

02

上学时，有很长一段时间，也有很多人并不了解自己喜欢什么，能干什么。你明明知道自己对未来没有信心，时常感到困惑迷惘，但就是不愿意早早地从床上爬起来，不愿意泡图书馆，更不愿意动脑筋，你总以为青春就是用来挥霍的，自己得及时行乐。

面对种种困难或考验时，你压根就不愿意为之努力，不想坚持把事情做完、做好。你总觉得一个人奋战很孤独，特别凄惨，生怕努力读书会累坏自己，便宜了别人。所以，每次你都是被动学习，被动生活，对未来没有任何属于自己的想法。

更可怕的是，每次你考完看到自己的成绩，明明分数不高，脑海里却总能闪过这些念头："对，我这次可能是发挥失常，下次多注意点就好了"；"对，我这次考得不好是因为有些题目老师没有讲过，下次多买点复习资料看看就好了"；"对，下次不能贪玩了，得好好看书才是"。

无论是在学习、工作，还是生活中，一旦你感到不如意，好像总能找到办法暂时说服或是安慰自己。

尤其是看到那些比自己考得好或是过得更加舒服、体面的人时，你竟然还会产生这样的想法："这家伙整天抱着一本课外书，作业和我做得差不多，看上去并没有那么用功，凭什么考得比我好？对，可能他的运气每次都比我好！"

你见到比自己优秀的一类人，不但不去主动向人家看齐，讨教方法，反而总觉得人家之所以能够取得成功，是因为有好的运气为他保驾护航。

03

我有一位师姐，某次她去省人民医院参加招聘考试，但结果失败了。师姐很难过，想找一个人陪她说说话。

她问我："学弟，你不是很能写鸡汤吗？救救我呗。"

我问她是不是努力不够，没有做好充足的准备。

师姐告诉我，她自己明明很努力，为了拿到省人民医院的 offer，每天学习十几个小时，坚持了好几个月。但就是运气不好，考试抽到的题目恰好是自己不太会的，结果表现平平。

"好的运气真的比努力还重要！"师姐感叹。

我听完这句话，思索了很久。

一直以来，我认为自己的运气真的不够好。从小到大没有捡过一张超过五元的人民币，反而被别人偷过好几百的生活费，手机掉进过马桶，生过一场大病，不管吃什么都长不胖，被别人欺负过、嫌弃过、骗过。

有一年我参加一场招聘考试。

我明明取得了不错的成绩，和第一名就差一点。但后来那家单位直接把我 pass 掉了，他们说我的本科专业是中医学，实际上不符合这次招聘要求，不让我参加接下来的考试。

那时候，我很郁闷，特别愤慨，真想指着上天骂，你凭什么让我活得这么艰难？让我遭此不幸？

再看看身边的同学、朋友，他们陆陆续续地找到好的工作单位。并且结婚的结婚，旅行的旅行、出国的出国，让我羡慕不已，又感到痛苦不安。好像整个圈子里就我一个人是 loser，有时会为了爱情和面包左右徘徊，绞尽脑汁。

在经历过一些不好的事情以后，我以为是坏运气导致自己活得曲曲折折，狼狈不堪。但随着年纪的逐年增加，经历的事情越来越多，我却突然明白这样一个道理，你越是得不到好的运气，越要沉得住气，越要撸起袖子干到底。

04

运气是能力的一部分。要是你没有能力，即便有再好的运气，也无法支撑你跳得更高，走得更远。

当然，如果你确实特别努力，能为一个目标肝脑涂地，吃遍所有苦头，但就是没有好的运气送你上岸，让你取得成功。我还是希望你能够及时改变学习或者工作的方法，调整好自己的心态，再重新出发。

培根说："好的运气令人羡慕，而战胜厄运则更令人惊叹。"

人生路上，无论你有过怎样的经历或是正在面对什么样的生活，一个人只要尽了自己最大的努力，就不用担心没有好的运气，也不必害怕走不好脚下的路，更不会丢失善良的自己。

你要时刻记得，就是因为运气不好，所以要撸起袖子继续干下去。终有一天，你的努力和经历会成为你强大的底气，最好的运气。

做最好的自己，过想要的生活

01

我现在觉得，在这个世界上有人初次见到你时就喜欢你，他会放下架子心平气和地教你，即使你犯错了，他也是笑着包容你、鼓励你，还会安慰你。

但也有人在第一次看到你时，就会觉得你很碍眼。他会特别讨厌你，对你心存恶意，不管你有多么的努力向上，不管你把事情做得有多么完美无瑕，但只要你下次还出现在他的视野里，他都会对你恶语相加，甚至会摆出一副盛气凌人的样子。

我记得和同学第一次进手术室，因为紧张，我们在洗完手后都犯了一个比较低级的错误，手臂碰到了自己的上衣。就在此时，站在门口的护士长对我的同学破口大骂："你是哪个学校毕业的？简直一点无菌观念也没有，给我滚出去再把手刷一遍！"

我的同学吓得一个字也不敢说，转身灰溜溜地跑到池子边重新刷手。

那个瞬间，我愕然失色。我想护士长一定会用同样或是更加恶劣的语气来骂我。想到这里，我的心怦怦地跳个不停。

但令我意想不到的是，护士长不但没有训斥我，还语重心长地问我："同学，你是新来的吧？"

我咬着嘴唇点点头，又低下头，不敢抬头看她。

没过一会儿，护士长突然大笑了起来。她不紧不慢地走到我的面前，用手帮我把歪向一边的眼镜扶正了，她说："你是新来的哦？没事，你下次注意一点就好啦。你再去把手刷一遍吧。"

我抬起头，上下打量着她，觉得她的眼神特别温柔，她的样子出奇的好看，压根就不像前一刻我心里想的那样面目狰狞。

第二次刷手时，同学站在我的身旁一直抱怨。他说这家医院手术室的护士长是他见过的最不近人情，坏得透顶的小女人。如果有机会，他要整整护士长，灭灭她的威风。

我能体会到同学内心的不满，也替他感到难过。但说实在的，我一点也不讨厌护士长，反而打心底喜欢她，觉得她是我见过的对我最好的老师，也是最值得尊敬的医务人员。

02

我第二次进手术室就没那么幸运了。

我记得有次去手术室找我的带教老师，因为事态紧急，我就在手术室门口走来走去，来回观察。可没过多久，一位穿着手术衣的医生从另一间手术室走了出来，他站在离我大概 5 米远的地方，突然对我吼道："同学，你有事没事别在这里瞎逛，要么给我死进来，要么给我滚出去。"

我愣愣地看着他，他冷冷地瞅着我，眼珠子跟烧着了差不多。

那一瞬间，我差点哭出来。在此之前，没有哪位医生会无缘无故地骂我，数落我，这让我感到很委屈。

从那以后，我每进一次手术室都会碰到他。他看我的眼神总是那么冷漠无情，好像是要把我给生吞活剥一样。虽然我也总安慰自己别那么在意他对我的看法，但当我接二连三地被他莫名其妙地训斥后，一种强烈的愤懑之情在我的心头油然而生。

我真想找个机会好好教训他，让他向我道歉。

回到公寓后，我把心里的想法说给其他同学听，但没有一个人肯站在我这头替我说话。他们都说这个器械主管医生心地善良，很少指责他们。

这让我很纳闷。

03

很久以前，我收到一位读者的来信。

他说他很爱一个姑娘，追了她整整六年，但不管他多么积极努力，劳心费力，她就是不把他当一回事。

每次在她失恋时，他都会把肩膀借给她靠，安慰她，鼓励她，对她重复说一句话："即使你失一万次恋，我也不嫌弃你，我依然很爱你。"

姑娘听后就会发笑，然后一本正经地回复他："可我嫌弃你啊。"

他说他想把伤痕累累的姑娘拥入自己温暖的怀里，但姑娘拼了命地挣扎着从他身边离开。

我问他："你知道她为什么不喜欢你吗？"

他说："知道一点，大概她不喜欢我这种类型的男生。"

姑娘喜欢那种长得白皙干净的男生，可他却长得黝黑粗糙。要不是他心地善良，老实巴交，踏踏实实，姑娘是不会把他当作普通朋友的，说不定早就会对他不理不睬了。因为曾经有很多和他长得差不多的男生想和姑娘搭讪，结果都被姑娘拉了黑名单。

姑娘告诉他："有些人，你一见到他，就会对他心存好感，想和他说话，想泡他，甚至想爱上他。但有些人，你一遇到他，就会觉得他长得实在令人讨厌，超级恶心。无论这个人怎么优秀，多么卖力，你就是不会喜欢上他，就好像一开始就有隔阂，心里有些排斥。"

我认为姑娘讲得很对。所以，后来我回复他："她是不会喜欢上你的，你还是放手好了。"

没过多久，这读者朋友回复我："好。"从此销声匿迹。

张小娴说，有一些人，这辈子都不会在一起，但是有一种感觉却可以藏在心里，守一辈子。我想这种感觉就是一个人认认真真地去爱某个人的感觉。

04

直到再长大一些，我遇到了和那个读者朋友差不多的情感经历后，我总算明白，在这个世界上，总有人会喜欢你，也总有人会讨厌你。面对别人的喜欢或者讨厌，我们要做的就是坦然接受这些，并且把它们都当成自己坚强活着的理由。

因为当我们无法改变别人看待自己的眼光时，我们只好去努力改变自己活着的态度。

人生聚散无常，起落不定，别人再好，也是别人。自己再不堪，也是自己，独一无二的自己。只要努力去做最好的自己，一生足矣。

　　不要总是去估量自己在别人心中的地位，走自己的路，成为自己喜欢的自己，就会遇到最好的彼此，过上我们自己想要的生活。

　　成年以后，你不但要学会主动接纳自己，更要努力照顾好自己的身体和情绪，尽量避免或是减少别人对你有意的伤害。另外，在面对现实生活中的种种困难或是选择、考验时，你还得有胆魄和决心给自己勇气，养成一颗能在蓝色的天空下尽情歌唱，永不苍凉的心。

你就是自己的太阳，也会散发出耀眼的光

01

学妹打电话告诉我，她这次研究生招生笔试成绩考得不是很好，应该不能进入下一轮复试。如果幸运进了复试，又会不会被刷下来？另外，现在有没有必要找导师呢？

我问她，国家线出来了吗？

她说，没有。

我说："好，既然国家线没有出来，那你凭什么说自己不能挺进复试？"

她回答我说："可我就是怕，怕自己考不上，怕不能读研。为了能考上研究生，去年我差点累死了。我身边有很多同学现在就开始联系导师，打电话、送礼物、动用一切关系……但我贫民出身，家里找不到门路，我就认识学长你，能不怕吗？我也得提前做好准备啊！"

无论是考研，还是考公，那些感觉考得还不错的考生，会立马挤破脑袋想办法找各种关系。生活在现代社会，好像没有关系链、人脉圈，我们就注定会被孤立起来，等着被别人淘汰。但是，年轻

时没有关系或是人脉资源就真的寸步难行吗？这倒未必。

俗话说："人越努力，越幸运"。

记得当年我考研时，我也考到了一个不高不低的分数。当时，我内心也是五味杂陈，迷惘无助。吃不下饭，睡不好觉，总觉得自己没有关系就一定比不过别人，会落榜，会对不起父母。

直到后来的某一天，我意外地通过某个大学同学联系到了我的师兄。

师兄了解了我的一些基本情况后，斩钉截铁地告诉我："学弟，师兄一定会拼尽全力去帮你。但你现在一定要努力，千万别着急，因为接下来的路还要靠你自己走完。如果你现在不自信，不努力，不多学一些东西，不再提高自己的能力，即使今天我把导师介绍给你，也不能保证导师会要你。"

我认真思考了几天师兄的话，终于战胜了内心的怯懦，开始踏踏实实地复习。

复试那天，我用自己最真诚的态度和实力赢得了老师的赞赏和认可，并且成了一名医学研究生。

02

虽然我读的不是第一志愿，专业在别人眼里不是很好，也许将来不太好找工作，但我喜欢这个专业，也相信我适合相关的工作。另外，我的导师虽然不是学校的领导干部，不是医学界的风云人物，但是我作为那一届她唯一的学生，导师对我很好。

相比于我周边很多研究生同学。他们的导师，有的是学校校长，有的是学院院长，还有的是科学院院士等等。但我的那些同学并不为此感到快乐，因为要和导师见个面还得预约，即使见面了，也只是简单地寒暄，导师压根就没有时间关注他们最近的学习成绩和学术水平。

导师太忙了，要么在飞机上，要么在高铁上，通话时间总是不超过一分钟，这对我那些同学来说苦不堪言，但为了能顺利完成学业又不得不继续坚持下去。

我曾经和很多人一样，以为找棵大树好乘凉。但我现在越来越懂得，能够时刻关心你、对你好，能给予你教育和帮助的人，才是你生命中举足轻重，最有意义的人。

03

我有一个同学叫石头，最近他向我抱怨，说科室主任医师对他真不公平，凭什么把跟他同一时间进来的小张留在自己身边，却把他分给了科室的一位主治医生。

石头感到愤懑不平，于是他问我有没有什么好的建议。

我说，那你就找主任开诚布公地谈谈。

一开始，石头很不情愿。他说："主任是我表叔，表叔都不帮我，却把我支给了外人，我才不想找他，说多了丢死人。"

但后来石头告诉我，他后悔找了主任，也就是自己的表叔。主任之所以把石头分给另一位主治医生，那是因为那位主治医生年轻有为，既有能力又有担当，还总乐意抽出自己宝贵的休息时间给学生讲课。

给石头安排这么好的一位老师，才是对石头最大的照顾。

相反，小张虽然跟了科室里最有威望的主任，但他并没有享受到石头的待遇。当然，这对小张也不一定是件彻彻底底的坏事，小张还很有可能因为依靠不了老师的帮忙，学会了自立自强，能在孤独中顽强地生存下来。

这世上没有绝对的好事，也没有绝对的坏事。所有我们经历过的开心的或难过的事情，都会成为刻骨铭心的记忆和留念。

即使现在的你和我一样平凡渺小，但这世上还是会有人穷尽一生记住你的身影。除此之外，没有谁的样子能比得过你，因为你永远会默默努力，勇往直前。

你就是自己的太阳，也会散发出耀眼的光芒！

你慵懒自卑时，才真的没有用

01

你的一生很短暂，总要有一次是真正活给自己看。即使全世界的人说你是错的，你也要义无反顾地坚持做自己认为对的事，而不是浪费时间过问太多。

我在朋友圈晒了一张自己学习时的照片，引发一些争议。有一部分网友在下方评论说，原来阿识学长还看阴阳八卦之类的图书啊，难道这些东西对你有用吗？能治病救人吗？

看到这些评论的时候，我有点吃惊，当然也没有立马跳出来反驳他们的观点，而是在想这样一个问题：读这类书，真像他们说的那样，没有用吗？

如果是几年前，我快要参加高考了，在课堂或者是晚自习时，看一些诸如言情小说、人物漫画之类的，和考试课程不相干，杂七杂八的图书，或许我会觉得那些没收我课外图书，并责令我改正的老师、同学或者父母，做法是对的。

因为那时候我很年轻，和周边的人群一样，为了能考上心仪的大学，不遗余力地抽掉所有的课余时间埋头苦读所要考试的课程。

当时，我对世界以及对自己人生的看法，只来源于父母、老师，还有一些同窗好友。我压根就想象不到，东方文明之外还有西方文明，人死后竟然可以超度灵魂，也更无法理解先哲们所代表的学派、宗教，以及情怀。

我从来都没有好好观察过这个世界，所以我对这个世界的看法仅仅只能停留在事物的表层，而无法深入核心。别人告诉我一件事该怎么做，我就依葫芦画瓢去做；别人说学这个玩意儿对我有用，我也就照模照样去学；别人讲到哪，我就跟到哪。

我不但没有世界观，还没有人生观，就连我的价值观在绝大多数时候，都是属于别人的。

别人经常这么问我：

"胡识，你看这些书，有什么用？"

"胡识，你每天写一些不痛不痒的文字，有什么用？"

"胡识，你又不抽烟，又不喝酒，还不爱和人交朋友，有什么用？"

很显然，在这样一个急功近利的社会，人们会习惯性地把做一件事和有没有用等同起来。大家觉得学医能够赚很多钱，于是有很多父母帮孩子选择医学院校，甚至都不会问他们的孩子有什么想法。即使有些孩子能说出个一二三，但父母还是觉得他们说的没有用。

每个人都擅长把自己认为对的，或者有用的东西强塞给别人，而不顾虑别人的看法和价值判断，好像一定要让别人接纳或是赞同自己的看法，才能够获得安全感和满足感。

但实际上，把自己人生的经验教训强塞给别人，是一种非仁义，甚至不道德的做法。因为每个人都不一样，也应当把自己和别人区别开来，去过属于自己的和别人不一样的生活。

所以，成年以后，我只喜欢别人对我的生活进行指点，却特别讨厌别人对我的人生指指点点。做一件事也好，爱一个人也罢，有没有用？只有自己真正努力过、尝试过、经历过，才可以给自己的内心交一份满意的答卷。

02

朋友小柯知道我一直以来热爱写东西，喜欢用文字表达内心的真实感受，所以每当我面对人生选择时，他都会跟我说这么一句话：

"胡识，不管你接下来干什么事情，我都希望你不要轻易放弃你的爱好和想法，你一定要尽力找一份可以有足够时间写东西的专业或是工作。"

对于他说的话，我牢记在心。

几年前，我既参加了研究生考试，也报考了公务员。当时，我内心的真实想法是，我一旦考取了公务员，以后在政府机关上班，既可以朝九晚五，又可以浪迹天涯，还有足够多的时间做我喜欢做的事情，我一定会觉得此生再也不会有任何遗憾，我的生活会很幸福，甚至可以骄傲地活着。

遗憾的是，由于种种原因，我没能参加公务员复试，没有过上理想的生活。有好几天，我都感到痛心疾首。

我没有办法，接下来该怎么做呢？

坐在离开南昌的火车上，小柯的话一直在我的耳骨里回旋："胡识，如果你没有考上公务员，那你还是读研吧，选择一个你比较喜欢，又挺适合你的医学专业。"

不知道为什么，当时我情绪失控地流泪了，可能是想到一些并不快乐的事情吧。

我读了五年的中医学专业，在毕业前一段时间向很多医院投了简历，但都石沉大海，没有一家医院肯接收我。一想到自己将来可能当不了医生，我就有一种找不到家的感觉，心里空落落的。

成为一名医生，是我爸妈喜欢的模样。这二十多年，我从来没有辜负过我的爸妈，我真的很害怕他们说我没有用，会没收我的电脑、手机、笔记本，切断我和写作的联系。

当然，我特别能理解爸妈。因为他们都是农民，大字不识几个，村里人觉得当医生好，能够给他们长点脸，或者是我成为一名医生后，能够从此改变家里穷困的命运，是他们认为最有用的事。这并没有错。只是，现在的我再也不是那个只能靠考高分，上好大学就能够给爸妈争光添福的少年了。

我现在完全可以独立自主地工作、赚钱、养家糊口。另外，正因为我经历过不少大大小小的事，读过不少杂七杂八的书，走过一些是是非非的路，我才真正地看到了自己，找到了想要过的人生。

03

我成为了一名研究中医古籍的硕士生，而且还可以兼顾写作。

我很喜欢这个专业，也热爱现在的生活。我再也不会轻易地把做好一件事和自己未来的人生等同起来。

研究中医古籍让我学到不少和传统中 医相关知识的同时，还使得我接触到了不少有关天文历法、哲学养生、考古汉字之类的知识。

这些东西一定都有用。

我们曾经所接触过的，或者是已经掌握了的每一项知识技能，一定会在将来的某一天派上用场。我们应该感谢的是，努力、不懈怠、乐意学、愿意做、踏实干的自己。

前段时间，网上疯传一段上海某高校女教授讲课的视频。讲的主题是："朋友无用"，但实际上是借"朋友无用论"来规劝每个人，无论你跟谁交朋友，在做什么事情，处于怎样的工作状态，都不要给自己找一个有没有用的借口。你热爱做的事，自然会努力坚持去做，你认为不值得喜欢的人，自然会主动放弃。

如果你现在所做的事，跟你在一起的人，不是你真心喜欢的，无形中，你就会认为他们对你而言，没有什么实质性的价值，你这一辈子都只是将就。

因为将就，所以你不敢，也不相信努力奋斗的意义，你只会很想努力，却就是坚持不下去，时常会感到迷茫无助。但凡能够在自己的领域取得赫赫成就的人，比如，科学家，国学大师等等，都是因为由衷的热爱，才愿意为真心喜欢做的事执着地奉献一生。

不管是做一件事也好，和一个人交朋友也罢，如果你一味地追问，有用还是没用，你的人生多少会显得狭隘自私。既然是发自内心地喜欢做一件事，追求一个人，那就不要顾忌太多，带上一颗纯净无瑕的心，现在就跟我一起出发吧。

你若不痛苦，那就请继续

01

和老同学聊天，我得知她已经和男朋友 A 分手的消息，不由得为她感到惋惜和失落，都到了结婚的年纪，爱情却夭折了。

记得大学毕业开酒会的那个晚上，A 同学突然穿过人群，走到她的跟前向她告白，她有些惊慌失措，便立马跑开了。

深夜，她发微信问我该不该接受他。

我回复她："他都暗恋了你这么多年，今天难得使出浑身解数说出内心的话，如果你不讨厌他，那就试试吧。"

她只对我说了个"嗯"字，尔后很长一段时间也没再找我聊天。

之后，A 同学便疯狂地追她，给她制造各种惊喜。那年九月她去了广州攻读硕士研究生，A 同学考研落榜，选择继续留在南昌二战，A 同学隔三岔五地跑到广州看她，好像是铁定要把她娶回家。

她没有谈过一次恋爱，心地又十分善良，在他的热烈追求下，自然就慢慢习惯，答应了跟他在一起。

偶尔，我和 A 同学聊天，得知他们的感情不错，甚是欣慰。毕竟，我很好的朋友总算找到了一个值得托付终身的人。

三年后的今天，她要毕业了，在广州签了一份还不错的工作。而 A 同学则在广西读研二，他打算等自己毕业了再回到老家南昌某医院上班，他说自己必须回去，否则没有人替他照顾母亲。

两个人对人生作出的选择不一样，便开始产生各种矛盾，吵架、冷战、闹分手，久而久之，他们在对方的身上感受再也不到温暖和希望，感情也就彻底决裂。

前不久，他们分手了，老死不相往来。

我问她："你痛吗？"

她说："有点痛，但就是哭不出来。又该怎么办呢？"

坦白讲，其实我也不知道如何是好。

成年以后，我们明明在很多人的身上感受到了深深的痛苦，但就是怎么也不能像小时候那样，稍微受一点儿委屈就能轻松地哭出来，而且声音越哭越大，生怕别人会听不见，不给自己糖果吃。

可是现在，我们想哭的时候，却只能忍着、憋着，努力像个大人一样。因为有人在自己旁边听着、看着、劝说着、安慰着……不能丢人。

02

电视剧《和平年代》里有句台词说，当幻想和现实面对面时，总是很痛苦。要么你被痛苦击倒，要么你把痛苦踩在脚下。

现如今，恐怕有越来越多的人，包括我自己都很容易被各种各样的痛苦所击倒。

爱一个人，因为距离问题或是条件不够好，不敢牺牲自己，不愿相信对方，不敢接受痛苦，便尝试放弃；做一件事，因为不够公平或是不太满意，不敢坚持，不愿继续付出，不敢直面痛苦，便选择逃离。

我们稍微遇到一些痛苦，就以为它会害死自己，便会拿出全部的力量去抵制它，消灭它，而不是包容它，驾驭它。

事实上我们也知道，痛苦是消灭不掉的，只要我们活着，它就醒着，只要我们一直和它斗争，它也就一定会奉陪到底。但我们却怎么也不愿相信，甚至还很抗拒这个道理。

如果你心理不够强大，那么这世上就没有被我们打败的痛苦，却时常有被痛苦打败的我们。

03

向学校提出辞职申请的这天，我的内心五味杂陈。一想到自己很快就要离开这个待久了的城市，我自己都还没有使出足够的力气融入它就放弃了，这种感觉像是一把利剑突然刺痛了我。

很多年前，我是不怕任何痛苦的。同龄人有奶喝，我家连便宜的蔬菜都吃不起。我妈总是在白米饭里放上一小块猪油，再倒两三滴酱油拌给我吃，哪怕是吃厌倦了，我也能够忍受，从不说饭不好吃或是吃不下。

同龄人放学回家后可以一起游玩，我妈却总是在这个时候把我带到菜地或是农田里帮她干活，哪怕是很热的夏天，很冷的冬天，我都没有反抗过，而是乖乖地跟在她后面，学着大人的模样。

每到学校交学费的时候，我妈就不得不去城里卖血。晚上，看到她疲倦的样子，我心里有些难受，但只要她把学费交到我手上，并鼓励我一定要好好读书，争取在将来有点出息时，我会擦干眼角的泪水，扭头跑到房里看书……

那个时候，即使家里很穷，我要比别人忍受或是付出更多，我也从来没有为此埋怨过任何人，而是能始终鼓足勇气直面所有的困难和痛苦。

也恰恰是因为我能够接受那些痛苦，才让我学会了插秧、做饭，学会了保持朴实善良，懂得勤奋向上。

在南昌读大学的 8 年时间里，我进过解剖室，看过冰冷的尸体；进过手术室，跟骨科老师一起做过一些手术；也埋头苦读过，从不轻易放弃。我努力保持成绩优秀，使劲争取各种奖学金。

成长最快的时候当属读研的那三年，从不太喜欢，甚至不相信中医，到跟了老师们学习之后，产生了自己的中医思维，找到了除写作之外的热爱。

留在学校工作的这段时间，我搞过行政，也写过材料，给学弟学妹们上过一些课，也兼职当了半个月的辅导员，但都很短暂，也都很动摇。

在这么多的经历里，我唯独还是没能接受这些东西带给我除快乐之外的一些痛苦，没能找到特别喜欢的事，没能有始有终。

如果今天的我，还有当年在盛夏的农田里插秧，在厨房里烧菜，在池塘里洗衣服的勇气和决心，我可能不会像今天一样，身心如生病一般，既没有一切归零的魄力，也没有长途跋涉的担当，在这座城市稍微遇到一些小风小浪就迟疑并且退缩了。

最让我对自己感到失望的是，明明有了喜欢的人，却害怕她会嫌弃，担心她不会接受，而忘了奔跑，甚至是压制自己对她的喜欢。

现在的我，因为过于担忧人生的一些痛苦，让人生的狂风骤雨吞噬了我。我太怕痛了，不知道这个毛病什么时候才能好起来。也许等我真正痛得无法呼吸，就会像从前一样勇者无惧，不会让自己和喜欢的人轻易受伤。

所以，让自己变得坚强起来，哪怕眼里含着泪水，也要微笑着前行。唯有接纳了酸甜苦辣后，才能发现人生之丰满、绚烂。因为每一个人的快乐和幸福，都扎根在历尽沧桑之后的淡定和从容。

Chapter **3**

你不辜负现在的人生，
才是对自己最大的尊重

你不辜负现在的人生，才是对自己最大的尊重

01

与人聊天，我经常听见这样的感叹：要是当初我不这么选择，而是去走另外一条路，也许我会不一样。

不管是事业有成的领导，还是生活安逸的高中同学，或者是刚入大学的年轻学子，他们好像都不太满意现在的工作或是学习状态。

如果每个人在出发时，都能清楚地看见现在走的这条路不太适合自己，而另外 条路无法预见。我相信很多人会放弃现在走的这条路，去尝试走另外那条未知的路。

但当他们在另外一条路上开始过上了另一种生活，又发现它不是自己喜欢或是想要的，甚至觉得比以前更加糟糕。不知道他们会不会更加后悔？

我想答案是肯定的。

很多人都不容易满足。自己拥有的，总是觉得还不够好；自己得到的，总是觉得还不够多。自己没有的，看见别人拥有了，很羡慕；自己没得到的，看见别人得到了，很在乎。

日本小说家川村元气说，人们总是从自己选择的人生，看向自

己没有选择的另一种人生，感到羡慕，感到后悔。

人性的不满足，让大部分的人永远都无法真正享受所选择的幸福。

02

我的上司出身于农村，并于 1996 年考上了大学，然后在学生会担任主席。不管是在学习上，还是在工作上，他都异常刻苦认真，成绩非常出色，很受学校老师和领导的赏识。毕业那年，他被推荐到学校的某部门工作。

现在的他不但是个副教授，还是名科级干部。在这座省会城市，他有自己的大房子和车子，妻子是学校附属医院的医生，虽然算不上富贵人家，但是这种既光鲜又稳定的生活，是很多人求之不得的。

有时候，我就在想，如果哪天自己也能够拥有像他一样的人生，那该有多好。

我总认为，一个穷孩子能够通过自己的勤劳努力和好的运气融入一座城市，过上平凡且幸福的生活，这就是最大的成功，没有什么能比它更加激励和感染人。

但是某天，我的上司却告诉我，他很羡慕他的那些同学，当初没有留在体制内，而是去一线城市打拼，现在成了北京人或是上海人。

他说："如果十几年前，我没有留在学校，而是去了北上广深，我会不会比现在混得更加出色？我是不是不会如此羡慕他们？"

我没有回答他，而是选择了沉默。因为如果换作是我，可能在同别人进行比较时，我也会觉得有些失落和不满足。

这是一种很普遍的心理现象。当一个人达到了一个层次，过上了另一种生活，他自然又会看见并且赞叹另一些人的人生，他觉得那样的人生看起来更好或是更有意思。

03

我的某位高中同学经过几年的刻苦努力，终于在今年考上了公务员，留在了家乡工作。

但是前不久，他却跟我打电话抱怨说，基层的工作不但烦琐复杂，工资也很低，好像一眼就能望尽人生，真后悔当初没有像我那样考研，不断地提高学历，能够有机会留在高校工作。

记得读大学时，我还曾多次鼓励他和我一起考研。可是那时候他很坚决，说考研读博并不是他的梦想，他想要的人生就是回到家乡做名公务员，可以平平淡淡地生活。

几年后，当他拼尽全力地实现了自己的理想，拥有了平凡的人生，他却隔三岔五提不起精神，觉得现在的生活无趣无味，并不是自己真正喜欢的。反而羡慕起我拥有的生活。

其实，他也并不知道，有时候我也羡慕他。

如果当初我没有报考医学院，而是和他一样读了文学类专业，我是不是可以少读几年大学？能够留在家乡工作？早已结婚生子？而不是像今天一样，虽然留在了高校，但在这样一座大城市里，我时常感到力不从心，孤独无助。

04

　　我现在的人生，是自己在某个时刻决定的。那时候，我也和大多人一样，分不清路的方向，不知道这样的选择是对是错，全凭着一腔孤勇走了出去。

　　当然，值得庆幸的是，当我全身心地投入到现在的工作和生活之中，并且认真地享受生命的过程时，我竟然能够咬着牙坚持了下来。我开始相信自己可以凭实力过好这种人生，并且不再后悔。

　　詹妮·布雷克说，世界不存在更好的状态。最大程度地过好现在的生活，你正在自己应该在的地方，这也是唯一真实的存在。

　　你不要太羡慕别人或是埋怨自己了，学会享受过程，试着只跟自己比较。不辜负当下的人生，才是对自己最大的尊重。

　　当你开始学会爱自己，珍惜现在所拥有的一切，就不会再渴求或羡慕他人的人生。

你不要总想着过一成不变的生活

01

每年临近春节，在外地工作的人都陆陆续续回到家乡。

老爸看着一个个穿着西装革履，打扮得光鲜亮丽，和我一起长大的伙伴路过我家门口时，总要对我感叹几句：

"你看看别人家的孩子多厉害，听说今年又赚了好多钱。"

"你看你，都26岁的人了，还在读书。"

"你什么时候才能有出息？"

"你啥时候能买得起车子？买得了房子？"

老妈也在旁边恶补一刀："恐怕连媳妇都难讨哦。"

他们的话音一落，我的心登时往下一沉，忍不住怀疑自己，对未来也莫名地感到恐慌。

晚上，我在朋友圈发了这样一条动态：

读这么多年的书，还不是一位诚惶诚恐，牢骚满腹的屌丝，既不能安慰父母，又不能治愈自己，有什么用呢？

动态一经发布，引来不少朋友的感叹。绝大多数人好像有跟我类似的想法，他们纷纷点赞。

我以为这是我们90后这一代人的通病，不需要治疗，因为大家都一样，年轻又彷徨。

　　但没过多久，有一位网名叫做"叶子"的朋友在下方留言说："你不必消耗时间去讨论读书有没有用，也不必过于担心以后能不能找到好的工作，可不可以赚到足够多的钱，更不必怀疑自己的才华和能力，你现在真正要做的就是，努力投资自己，既不虚度光阴，也不自怨自艾。你只需要用尽力气，勇往直前。"

　　看完他的评论，我的眼睛猛然有点酸涩，眼泪开始在眼眶里打转。也许是被他的话深深感染了的缘故，我竟不由自主地删除了那条动态，并告诉自己，与其花时间羡慕别人现在所处的位置、羡慕别人比自己赚的钱多、羡慕别人成婚成家、羡慕别人好像比自己好像过得要好，还不如趁着年轻，开始加倍努力，不再虚度光阴。

　　做自己喜欢做的事，成为自己想要成为的人，比你想成为任何人还要值得尊敬，还要鼓舞人心。

02

　　前些天，我和一位在深圳打拼的大姐姐吃饭。席间，大姐姐问我今年多少岁了，以后有什么打算。比如，读完研究生，会去哪座城市打拼？

　　我说，我今年26岁了，打算大学毕业后去大一点的城市找份自己喜欢的工作。我不想留在小城市，更不想在年纪轻轻时就选择安稳平静，好像一眼就能看穿未来的生活。

　　我喜欢大城市，我觉得大城市可以激发我的斗志和潜能。否则，像以前一样生活在农村和小城市会让我感到空虚麻木。

当然，这完全是因为我现在还年轻，对很多没有吃过的食物，没有到过的地方，没有接触过的人流充满好奇心，我渴望能够拥有这些体验。

所以，我不怕会迷失在大城市里，更不会觉得一座大城市容不下我。即使我可能活得很苦很累，但这都没有关系。因为年轻，我愿意冒险，也愿意为了升华自己的灵魂在大城市奔波劳碌。

我就是不想这辈子，只留在一座小城市过着一成不变的生活。

曾经我认为，一个人如果总觉得自己的生活过得不尽如人意，缺乏安全感，又时常感到快快不乐，要治愈他，帮他度过人生的劫难就得给他足够多的物质帮助。比如，他失恋了，痛心疾首，作为朋友就陪他多喝几打啤酒，大醉一场。比如，她不知道接下来该干嘛，一个人躺在沙发上发呆，作为闺密就拉她出去逛街，买很多衣服。

但越长大，其实我们的内心越明白，即使给身在痛苦的人再多的物质帮助，也很难治愈他受的伤。真正能安慰或是鼓舞人的东西应该是一种精神力量。

物质永远填补不了人的内心，因为人心对物质的需求永远得不到满足，只会要求得越来越多。如果只往一个亚健康人的内里拼命地塞物质，而放弃精神治疗，那么这个人反而会感到更加空虚，会越来越不自信、不快乐，做什么事都会心不在焉，更不会在未来的日子里拼尽全力，这样一个人会慢慢丧失活下去的勇气。

但精神力量可以让一个人感到满足。比如，你的朋友失恋了，你要治愈他，那就陪他说话，既要倾听他的内心，又要寻找你们的共鸣点，努力打开他的情感宣泄口。一个人失恋之所以会流泪难过，是因为内心的精神力量轰然倒塌，他感觉自己无路可走。作为朋友，你应该给他足够多的精神力量，让他发现光明，找到方向。

另外，如果你的朋友总是发呆发愣，大部分情况是因为她的内心很空缺，她并不知道自己接下来能干什么，甚至连自己喜欢什么，追求什么都浑然不觉。你要帮助这样一位朋友，那就应该让她学会反思，学会探索，学会触摸自己的良知。你给她精神力量越多，她就会越兴奋，越觉得活下来很有意义。

一个人如果想要获得更多的精神力量，他真应该趁自己还年富力强去大城市奋斗一次，拼搏一把。

03

作家闫涵说，在大城市，即使进不了铁饭碗单位，只要自己努力，一样有生存的资本，因为这里有无数平台供你选择、有无数机会等你去竞争，更适合无爹可拼、无脸可拼、无钱可拼却心怀奋斗梦想的人。

年轻时，生活在大城市更容易养成心怀坦荡，旷达向上以及坚强不屈，对自己负责的人生态度。

大城市意味着更高的起点、更多的机遇、更多的精神力量。

我曾经采访过一位身价过亿的陈先生。当时我看到他车库里只停了一辆特别普通的小轿车，我很好奇，就忍不住问他，你这么有钱，为什么不换辆更好的车？

他笑了笑，摇摇头说："这辆车我都开了十多年，早就习惯了。如果你要我换辆车，想必我会开得不开心，驾驶一辆普普通通的车，我反而会觉得格外踏实舒心。"

接下来，陈先生又指了指他的衣服，说："开一辆车就好比穿一件衣服，自己觉得喜欢就足够了。我都到了这个年龄段，早就不在乎别人怎样评价我的衣食住行。我只做有意义的事，成为有意义的人。"

后来，在另一位朋友的介绍下，我才真正读懂了陈先生。原来，陈先生认为有意义的东西，指的是做慈善事业。陈先生会把在日常生活中省吃俭用留下来的物资捐献给贫困地区，他为此默默地坚持做了十年。

陈先生说，物质只是暂时的，它不能让人感到真正的快乐，但精神力量能让人一辈子觉得幸福。人只要精神足够强大，其实什么都不怕，到哪都容易满足。

陈先生出身寒门，能在深圳创办一家上市公司，全凭他的勇气和魄力。当然，还有他那颗敢于追求不平凡的心。年轻时，陈先生放弃了在乡镇机关的公职，毅然决然地跟着几个哥们到深圳打拼，一干就是二十多年。

那二十多年的奋斗时光才是他真正想要，并拼死也得留住的东西。

人生在世，顺不顺利，成不成功，其实都不重要。最重要的应该是，无论到哪个地方，遇到过什么样的人群，经历过怎样的生活变化，你都曾为此认认真真地付出过、努力过、执着过。

04

精神力量，是一种情怀。它既能够让人们看清真实的自己，又能引领人们过自己想要过的人生。

26 岁，你不再是个小孩，你已经独立长大，此时此刻的你正血气方刚，何必要讨好这个世界，复制别人的一生？

26 岁，你要耐得住寂寞，忍受得住孤独，不要因为他人的三言两语就轻易放弃自己的决定。你真正要做的是，吹响一个人的号角，勇敢上路。

26 岁，你要敢于投资自己。读更多的书、到更多的地方、结识更多的朋友、做更多有趣的事，你要学会独立思考，至少得掌握一门技艺，还要立下属于你的原则和底线，一步一步坚持不懈地走下去。

26 岁，你要开始努力寻找那么一个肯陪你吃苦，和你有共同价值观，并且善解人意的今生伴侣。你要对自己要求严格，对她温柔慈悲，更要对瞬息万变的生活怀抱一颗泰然自若、乐观向上的心。

你不必为了讨好这个世界，而辜负了最好的自己

01

四年前，我参加研究生复试时并未像参加初试时那样感到惶恐不安，害怕不已。这大概和我调剂后确认的专业有关。

我读大学本科时修的是中医骨伤专业，曾经有很多人说我选的专业很好，将来当上骨科医生，一定会相当有钱，也很吃香。我的爸妈和村里人都认为我可以在漫长的医学旅途中吃得了苦，扛得住压力。每次回到老家，他们都会面带微笑，甚至热烈地拍打着手掌对我说："哎哟喂，咱们的胡大夫回来了。"

"胡大夫，你这一回来又打算在家里待多久呢？"

"胡大夫，你看，你读书又把自己读瘦了！"

"胡大夫，你得攒劲学！干啥都不好，就是当医生有出息！"

……

面对这些，我自然不能丢脸，所以我也拼命看好自己，相信自己一定能在将来成为牛气哄哄的胡大夫。

在读大学本科那五年，我没有接触过网络游戏，没有谈过一次恋爱，没睡过懒觉，也不出去鬼混，课外时除了写几篇文章赚点生

活费，我都是一个人抱着厚厚的课本去图书馆上自习，我从没有像这样花几年时间做一件事。

我大概领会到了一些努力成长的意义。在我还没有成年时，我拼了命地，甚至冒着被体罚的风险求妈妈，只是为了多拿一毛钱，这样我就可以多买几个玻璃弹珠，就可以多玩一会儿，少读一点书。但在我18岁之后，就算没有人督促我学习，没有人在乎我的想法，我也会用尽力气去做一件事。

我觉得成年后的我们会越来越在乎，甚者还会揣摩别人对自己的看法，我们现在这么执着和努力，不再是单纯地满足自己这双眼睛、这颗心，大多时候其实是想讨好这个世界，看别人的脸色，看别人的心情。

我的爸妈和村里人都希望我能进大一点的医院当医生，有时候我的头脑里也会突然闪过这么一个念头：我穿着干干净净的白大褂，在省医院昂首阔步，周边的人向我投来羡慕不已的眼神，我感到格外兴奋，优越感油然而生。所以，后来我赞成了他们的观点，他们叫我努力考研，他们相信我一定能成为响当当的骨科医生。

我便开始在心里种下这么一颗种子，给它施肥，替它浇水，帮它锄草。

但让我感到吃惊的是，这颗种子像登门坎效应一样，你越乐意接受较小的、较易完成的要求，在实现了较小的要求后，就越愿意接受别人给你的更大使命，越容易向别人，乃至命运作出妥协。终于，这颗种子就如同被吹大的气球，快要爆炸了。

我把这样一颗种子看成希望，我很需要它，它能给我带来满足感和安全感。但是，我也会被它伤得很深，尤其当我经历过登门坎效应后，有人却在后来板着脸，或是以过来人的身份告诉我不能这么做，我追求这些东西注定徒劳无功。

02

2015 年，我在浙江一家医院的骨科实习时，带教老师问我以后考研会选择什么样的专业，当时我想也没想就斩钉截铁地告诉他，报考骨科专业，而且会去沿海城市深造。但他却用狐疑的眼神看了看我，然后笑出了声，他说我不适合当骨科医生，因为我很瘦小。

有次他做 colles 骨折远端复位术，我当他助手，却在他用整个身体的力量对病人的患肢施加压力时被拽倒在地上，病人疼得嗷嗷大哭，带教老师和患者家属都指着我的脑袋骂我没用。

我感到特别自责、难过，竟躲到医院的角落里痛哭起来。也就因为那一次手术失败，带教老师不太愿意教我更多的骨科知识，他认为我只适合当内科医生。

我的先天不足，是带教老师不看好我的原因。

2016 届研究生招生考试现场报名那天，我瞒着爸妈忍痛割爱般换了报考专业。

几个月后，当我得知自己的初试成绩过了山东骨科的复试线，却没有达到本省的内科专业线时，我慌乱了，感到特别懊悔。

在我成年后，因为不自信，时常贬低自己，讨好别人的性格，我与很多机会擦肩而过。

这世上没有什么成功能比得上我们曾用心追求过的旅程。所以，不管什么时候，都要努力地坚持做自己。

03

前些日子，我在北京认识了一个朋友，他是南方人，曾在湘雅医学院攻读神经内科硕士研究生。

他的母亲是中南大学的免疫学老师，他的父亲在湘雅二医院当医生，老两口都希望他也能留在医学领域。但他一直以来都不喜欢学医，他只想画画，而且他的女朋友是北京人，已经在一家出版社找到工作，他们谈了6年恋爱，他很爱她。所以他毕业后并没有留在长沙，而是毅然决然地跟着女友去了北京。

我说，你这么做不怕爸妈反对吗?

他说，做自己喜欢做的事就不要在乎那么多。

我说，可我就怕让爸妈失望，让别人瞧不起我。

他说，没有关系，你不需要讨好全世界，你只需要做好自己。而且别人对你的看法总是暂时的，但自己所做出的决定却影响自己一生!

然后，他跟我讲了很多他经历过的故事。我似乎能在他的故事里看到自己，迷惘、空虚、悔恨，活得一点儿也不从容淡定，过得一点儿也不像自己。

04

很多年前，我不喜欢学医，我的梦想是当一名大学老师，或是在政府机关做一名朝九晚五的公务员，我会有很多时间去游山玩水，去思考人生，去书写生活。但后来，爸妈帮我选择了医学，我也就尽力去完成这个使命。

我用了很多年来喜欢医学课本、适应神经血管、敬畏细胞生命，我以为我会爱上这些东西。可多年以后，我并没有达到这个目标，如果我要读研，就要被调剂到基础医学院，我很有可能不再从事临床工作。

做出决定的那天晚上，我感到特别无助。我打电话问 Z 姑娘，如果你是我，你会怎么选择，是去读硕士研究生？还是再考一年？Z 姑娘并没有帮我做出选择，她只是轻描淡写地说了四个字："从心出发。"

如果是在年少时，也许我并不能理会这几个字的含义，我会觉得 Z 姑娘对我一点儿也不用心。

但现在我能领会这当中的意味，所谓"从心出发"，就是找回自己的初心重新上路，既不因为过程的磕磕绊绊而堕入无底深渊，也不因为事物结果的好坏而大喜大悲，我们只需要用心聆听沿途的风景，偶尔回过头看看身后的路。

我选择参加研究生面试，愿意读中医医史文献专业。我认为自己可以在多少年后成为一名大学老师或是一名中医师。如果有人反对我，没有关系，我只会告诉自己：这便是我的初心，我一点儿也不感到紧张。

你不需要讨好这个世界，因为他们都不是你。当然，如果有人愿意花更多时间了解你、支持你、喜欢你；愿意想你所想，急你所急；愿意成为你生命里的一部分，那我希望你不要轻易拒绝，更不要随便放弃。

既然磕磕绊绊打不倒你，那就漂漂亮亮好好活

01

某个瞬间，你是否会有厌世的冲动。但是你不敢死，不能死，你必须好好活着。

对，我曾经也有活不下去的念头。

小时候，外地打工的爸爸很少寄钱给我们，几年才回一两次家。那时候，妈妈靠种点农作物，养几头猪养活我和弟弟。每次开学，我和弟弟都是最晚交学杂费的学生。因为妈妈得去城里卖血，在村里东讨西借。

我没有舅舅，也没有姥姥，只有姥爷和两个姨娘。

大姨娘有肝炎和心脏病，花光了姥爷的所有积蓄。在我九岁时，大姨娘嫁给大姨夫。大姨夫不但长得丑，性情还很乖戾，动不动就大吼大叫，打人毁物。

小姨娘是我姥爷的侄女。她爸在她三岁时去世，她妈妈把她丢给姥爷后离家出走。在我成长的记忆里，小姨娘同我们的联系并不多。

他们的生活都过得不尽如人意，自然也接济不了我们。

02

20 世纪 90 年代的农村，没有几个家庭能过上吃大鱼大肉的生活，我的几个伯父也不例外。因为实在穷得揭不开锅，他们就把爸爸赶到姥爷家。

爸爸做了姥爷的儿子。

妈妈说，那时候爸爸整天哭丧着脸，他不怎么喜欢妈妈，跟妈妈结婚，睡觉也是逼不得已。

我感到好奇，就问妈妈："那你是真心喜欢爸爸的吗？"

妈妈轻轻地点点头。

"那村子里有喜欢你的男人吗？"

"有，他们现在都比你爸爸要强！"妈妈摇着头不停地叹息。她哭了。

我不知道她为什么会哭。也许她觉得我和弟弟不应该那么小就跟着她一起在外面受苦受累。

那时候，同我差不多年纪的玩伴都长得细皮嫩肉，胖嘟嘟的，惹人喜爱。他们的妈妈每天会踩着自行车去城里买酸奶给他们喝。逢年过节时，他们就会从大人们手中拿到很多零用钱，他们喝过瓶装汽水，买过五毛钱一根的冰棍，用过当时最先进的玩具，比如，小霸王游戏机、气枪、弹弓等等。

在盛夏的日头里，妈妈带着我和弟弟割稻谷时，村里同龄的小伙伴拿着水枪在池塘里嬉笑打闹。我和弟弟眼巴巴地看他们玩耍。

妈妈说："崽，割完这些稻子我也给你们买！"

妈妈的承诺鼓舞了我们。打谷机被我踩得哐当哐当地响，震耳欲聋。弟弟抱着禾把在水田里健步如飞。

因为前方有所期待，所以不管多苦多累，我们都会义无反顾地努力前行。

那时候我还不知道有些东西单凭努力是远远不够的，因为要实现一个阶段的梦想还必须仰仗周边的很多力量。所以，当我们割完稻子后，妈妈并没有兑现诺言，而是说："我们辛苦赚到的钱不能拿去乱花，得攒起来让你们读书。"

在那一刻，我感到无比失望，真想叫妈妈"大骗子"，可是看到妈妈戴着厚厚的近视眼镜无奈地看着我和弟弟时，我又觉得心疼。

03

妈妈罹患先天性高度近视眼。很多老板都不愿给她工作，骂她没有用。但妈妈从没有抱怨过，而是挺着脊梁骨大声地对我们说：

"崽，我们种田去吧！"

"崽，你们要攒劲读书！"

从经历婚姻的苦难到成为两个孩子的母亲，虽然妈妈的日子举步维艰，但她从没有责骂过我和弟弟。我看到最多的场景是，她躲在房里缄默不语，然后用手揩揩眼睛，再笑眯眯地朝我们走来，摸摸我们的脑袋说："崽，我们做饭去！"

那时候，天上的星星是明亮的，地上的萤火虫为了追逐更多的光，竟照明了整个黑漆漆的夜晚。

妈妈睡在我和弟弟中间。她会讲很多笑话、故事，还会让我们猜谜语。她说的每一句话都和山川河流，春夏秋冬有关。虽然她书读得不多。

我告诉自己一定要好好学习，努力考上镇里最好的初中。我的神经每分每秒都绷得紧紧的。

但不久以后，我并没有长成妈妈想要的样子，只考上一所普通初中。

那个晚上，妈妈第一次和我生气，我第一次觉得自己出奇地卑微。

妈妈说："崽，你是不是没认真读书啊？"

我摇摇头。

"那是怎么回事呢？"

我看都不敢看她一眼，拼命地低下头。

妈妈说："你尽力了吗？"

我点点头。

妈妈长长地吸了口气："那你就读普通初中吧！"

我沉默不语。

妈妈似乎看出了我的心思，又接着说："崽，你读初中的学费，我拿得出！"

我抬起头。此时，妈妈已经走到房门口，她的咳嗽声越来越重，她站着呼吸有些吃力。

04

村里的医生说妈妈的肺出了毛病，劝妈妈去城里的医院看看。但妈妈一口咬定自己没病，她说有病也看不起，活一天算一天。

她跑到园子里弄了很多新鲜的青秆竹回来，剥下茎秆的干燥中间层，然后用柴火炙烤剩下来的部分。

青秆竹时不时地发出咯吱咯吱的声音，啪啪地绽开。妈妈叫我举着偌大的搪瓷缸盛那些流出来的淡黄色的澄清的液体。妈妈说这些东西可以治好她的病，但我不太相信。

我看到她日渐憔悴，就没日没夜地念叨着：

"妈，你没钱，我读不起初中了。"

"妈，我真没用，我想死！"

医生说我患有轻度抑郁症。我并不这么认为，开始在家里认真搜寻妈妈藏起来的老鼠药。每个地方都不想落下，头脑特别清醒。

我没考上好的初中，我很内疚。

我没有找到老鼠药，我很难过。

我不是爸爸的宠儿，我很悲伤。

死的念头在我的夏天里大雪纷飞。

于是，我找来菜刀，想割腕自尽，但可笑的是，我会怕疼；我想跑到马路上撞车，但我怕粉身碎骨；我想跳进池塘里，但我怕喘不过气，憋得难受。

奇怪并且幸运的是，因为我很怕死，所以没有死成。爸爸在那个夏天竟从外地跑回家，他用身上仅剩的一千多块钱帮我交了学费。妈妈的病突然有所好转，她时不时地冲爸爸笑，容光焕发。爸爸不再像以前那么心高气傲，他的额头上开始出现裂纹。

我并不知道这些改变是在什么时候，哪个地点发生的。但我能真真切切地感受到：那些我们曾以为走不下去的路，跨不过去的深渊，赶不走的阴霾，不会懂事的人都会在后来变换方向，改变模样。

05

爸爸因为年轻气盛，想赚更多的钱，曾走了一条不归的路，但最后还是回到我们身边。

大姨虽然没有嫁给幸福，但养育了一个乖巧伶俐的女儿。

小姨曾失去至亲的爱，但现在找到一个特别能容忍，对她惜之如命的丈夫。

我曾以为自己没有资格上大学，但多年后我竟成了硕士研究生。

我终于知道《名医别录》里记载了几味药，是它们治好了妈妈的疾病。竹茹，它性甘、微寒，归肺、胃、心、胆经，具有清热化痰的功效。竹沥，性苦、甘、寒，引入心、肺、肝三经，主治痰热咳喘等证。信念，性甘、苦、寒，味微酸，入勇气、责任、顽强三经，专治各种迷惘、恐慌、焦虑引起的堕落综合征。

我明白很多人会同那时的我一样，有时候觉得活着并没有多少意义：当我们在历经挫折和沧桑时；当我们认为自己比不上别人时；当我们看到爷爷奶奶还在大山里弓着背苦不堪言地种地时；当我们失恋或是亲人突然撒手人寰时，等等。

活着确实会给我们带来无穷无尽的痛苦，有时候还让我们怀疑生命的意义，滋生堕落的情绪。

余华说，人是为活着本身而活着，而不是为了活着之外的任何事物所活着。所以，不管我们经历着痛苦的事情也好，面对着伤心的人也罢，我们都得认认真真活下来。

哪怕我们在别人的曾经里等不到永远，别人在我们的现在看不出执念，我们也得相信，黄昏正在转瞬即逝，黑夜从天而降。我到广阔的土地祖露着结实的胸膛，那是召唤的姿态，就像女人召唤着他们的儿女，土地召唤着黑夜来临。

这便是我们磕磕绊绊死不了，漂漂亮亮活下去的意义。

做你喜欢做的事，成为自己想要成为的人

01

有一天，我和师兄吃饭。席间，师兄突然对我感叹道：

"唉，真不该当初选择做医生。你看我现在活得多累，多痛苦，天天'操着卖白粉的心，赚着卖白菜的钱'。"

"你治好了患者的病吧，患者认为这是你必须尽的责任，没什么值得好感激的。相反的是，一旦你没治好患者的病，不但他会指责你，就连他的亲朋好友个个都会骂你是庸医，甚至还会威胁你，对你使用暴力。"

"杀医啊！多恐怖！"

话毕，师兄从饭桌上拿起酒杯，一饮而尽。酒过三巡，师兄的面色已现潮红，站立时身体微微晃动，却仍不停地和我干杯，永远都是一句"杀医啊！多恐怖！"

原来，有个病人家属喝醉酒嫌师兄给他父亲换药时少放了一块纱布，两人便起了争执，师兄多抱怨了一句，对方就从柜子里拿出水果刀，吵着闹着要砍死师兄。

师兄实在想不通，自己平时对待病人一直尽心尽责，这次因为

实在太忙才不小心犯了小错误，病人家属为什么就不依不饶呢？难道医生和病人长时间在医院生死与共就真的没有一点情感吗？

有人说，你在大街上一不小心踩到陌生人的脚，只要你歉意地说句"对不起"，就可以被原谅。按此看医生和病人的关系，真的不如两个陌生人。

师兄感到特别苦恼，很想辞掉这份工作，但又觉得自己除了当医生，好像别无他路。于是，又问我："师弟，你觉得我干什么合适呢？可以像你一样即使不做医生，但写写文章，就可以过上潇洒自如、让人羡慕不已的生活吗？"

我笑了笑，说："你不行！"

师兄有点愕然，问我："为何？"

我问师兄："当一名医生是你喜欢做的事吗？"

师兄用手摸了摸脑袋，苦思冥想了一会儿，然后点点头，说："好像我还真的蛮喜欢这个职业的。小时候，我就觉得当医生好，威武神气，看起来很酷。长大后，成为医学生，当我第一次穿上白大褂时，我感觉特别神圣体面，自豪感油然而生，尤其是，我第一次和老师做一台比较复杂的手术，取得可喜的成绩时，我发觉这世上真没有一件事能比治病救人还要让人感到快乐、有成就感。对，我承认当一名好医生是我这辈子最喜欢做的一件事。可是……"

师兄没有把话说完，但我明白他的意思。在当今医患关系如此紧张的环境中，做一名好医生很难。

02

几年前，我很讨厌做一名医生，不看好自己，更不相信穿白大褂的人会有多么伟大。

我小时候体弱多病，动不动得打针，某位乡村医生的心又特别狠，总是用针头扎得我嗷嗷地哭。我姥姥又是被庸医害死的。我还看过很多医生从病人手上接过鸡鸭鱼肉，甚至还有红包。

人在经历了一些不快乐的事后，头脑中自然而然会形成一些比较特殊的看法，虽然现在回想起来会觉得有些偏激，但就是很难说服自己。老爸老妈只认定当医生好，我又没得选择，只好乖乖地听他们的话，进了医学院。

但人生总是很奇怪，曾经你以为自己很讨厌的人或事情，多少年以后，当你真的尝试接触讨厌的人或事情时，就会发现这些人或事情并不像当初你想的那样糟糕透顶，难以忍受，反而会觉得很有趣。

所以，这世上的东西没有绝对的对或错。只有等你真正经历过，才有资格评判它是好或坏。

如果你仅仅是因为心地善良，不愿意看到任何人在任何地方受伤、受折磨，不愿意看到任何人在你面前流血、流泪，更不愿意和任何人发生争执纠纷，而放弃你喜欢的医学事业，其实是不明智的选择。既然上天赐予了你救死扶伤的能力，你就应该继续勇敢地走下去。

做自己喜欢做的事，即使前路磕磕绊绊，不被别人理解或是包容，甚至有时候还冒着生命危险，其实也没什么可担心害怕、懊悔不已的。

03

某次，我和师兄给一位小孩子做腹股沟斜疝修补术，师兄的手术刀不小心轻轻磕到了小孩子的输精管。这时，老师停下手中的活儿，语重心长并面带微笑地对我和师兄说："以后你们做手术可得注意啊，千万别碰坏人家这玩意儿，这可是关系到人家传宗接代的大事呢。"

老师话音一落，我突然发觉，平日里看起来不苟言笑，难以接近的老师，原来在手术室对待病人和学生会如此温柔善良、幽默可爱。

还有一次，我们给一位女性患者做乳腺良肿切除术，在皮肤缝合时，老师对我和师兄说："如果我们给女性缝皮一定要细心一些，要缝得干净漂亮，要让她的男朋友或是爱人看不出表层的疤痕。但她心里的伤痕一定要告诉他，要让他感受得到，让他以后好好疼她，爱她。"

老师是一位三十多岁的主治医生，师娘每次来医院送完鸡汤都会紧紧地握住他的手，千叮万嘱："老公啊，累了就多休息一会儿，我可不能没有你啊！"然后老师就会眨眨眼，冲着师娘笑。

再有一次，我给一位男性患者导尿。师兄站在旁边反反复复地对我说："小胡，你给人家插导尿管一定要下手轻些，慢慢来，可别弄疼了人家。"

记得在大学上实验课时，我给模型导尿总是随随意意，爱和身旁的同学开玩笑，扮着鬼脸对同学说那些生殖器真是太恶心了。可现在我渐渐明白：没有哪位医生会把在病人身上看到的黑痣或是胎记告诉其他人。

04

在学校和医院经历过很多感人的事情以后，我脑海里的那些偏激的想法慢慢地消散，内心渐渐变得暖和起来。虽然自己不是很想成为一名医生，但每当有人夸大其词诋毁或是痛斥某个医生时，我都会感到伤心难过、迷惘无助。

没做过医学生的人也许不会明白：因为想要做好一名医生，对得起这份工作，我们要比其他人多投入几倍的时间，消耗更多的体力和精力。

其他人也更不会理解这种心情，当有天这个医学生怯生生地站在手术台，主刀医生只教他一遍，然后问他下次会不会时，他只敢点点头却不敢继续往下说话，这是一种怎样的心情，他又得为此付出多少努力？

这世上有很多人，他们并没有亲身经历过，却总是很偏激。他们从不去想自己说过的每一句刺耳的话，也许会在无形中改变一个人，让本来打算做好人的人心寒。

每个人都会经历丑陋和美好，不要因为看到过一次丑陋，就忘掉曾经一直霸占在自己心底的那份执着和善良。

这世上的医生虽然看起来神圣拉风，但他们的真实生活却伴风搭雨。有时候，可能你会觉得他们冷若冰霜，但很多时候，其实他们真的很温柔体贴。如果你是真的喜欢这份工作，适合穿白大褂，我也希望你不要轻易因为一两次不愉快或是不好的经历而改变自己的初衷。

著名诗人汪国真先生说，既然选择了远方，便只顾风雨兼程。既然你在拼尽全力地做自己喜欢做的事，成为自己想要成为的某个人，那就不要太在乎命运对你的竭力阻挠，更不必害怕人生漫漫长路，波折不断，困难重重。

做你喜欢做的事，成为自己想要成为的人，加油！

不是努力无用，而是你把努力看得太重

01

前些天，我和几个玩得好的朋友吃饭。席间，比我晚一年考进 B 大的高中同学小阮说，马上就到硕士研究生考试报名的时候了，但他不知道自己该报考哪所学校。为此，这几天他感到特别压抑、苦闷，吃不好饭，睡不好觉，也影响了复习。

小阮是那种不但人长得老实巴交，读起书来也很勤奋卖力的人。但是，不管他怎么玩命地学习，他就是考不到高分，成不了学习成绩优异的学生，去不了他想去的学校。

这点，小阮和曾经的我真的太相似了。

我上中学时，读书认真刻苦。那时候，学校要求我们每天都在 5：45 分起床，中途有十多分钟的洗漱时间，从六点钟开始上早自习，在教室念书的时间差不多有 13 个小时。当然，这只是一般人的标准学习时间。

但我属于那种自我感觉笨笨的学生，脑筋死，每次上数理化这种理科类的学科都跟不上老师的节奏。

班主任周老师每次提问我相同的几何问题时，我都答不上来。

他简直气得要死，站在讲台上用一根被粉笔磨得发亮的手指指着我骂，你真够笨的。

我不敢顶嘴，心隐隐作痛。

02

为了改变蠢笨的自己，提高学习成绩，我平时比其他同学起床要早，睡得也晚。虽然是走读生，但我会五点钟赶到学校上早自习，晚上九点回到家后还会写两个多小时的作业。别人在课间时跑到商店买零食或者和同学谈笑，我却待在教室继续复习或是提前预习。

很小的时候，我就听大人们说过一些道理。比如，"笨鸟先飞""早起的鸟儿有虫吃""世上无难事只怕有心人"，等等。

我听过很多道理，也按这些道理去做，但还是没有效果。我没有考上县重点高中，也没有到理想的大学读喜爱的专业，我并没有活成自己想要的样子，反而有很多时候，我会瞧不起自己，怀疑那些能鞭笞我奋斗的道理。

小阮说他学医的那几年确实很认真，很用功。但他还是学习成绩一般，感觉自己的能力并没有什么提高，自己和周边的同学相差甚远。尤其是英语。他觉得自己无论多么努力地学，还是过不了考研英语单科线，无法考上心仪的中医院校。

他说他想放弃，不敢再尝试了。

听他这么一说，我很难过。小阮是我最好的朋友，无论是人品还是其他方面，我认为他都挺优秀的。更何况一直以来，我都觉得手足情深，反正我愿意和他做一辈子的好兄弟。

所以，我很有必要用我在 25 岁以后所学到的成长经验，所能读懂的人生道理去宽慰他，鼓励他，叫他千万不要轻易放弃。

因为一旦我们选择放弃，那就意味着之前的努力白费了，我们会直接离开人生赛场，连希望都不会再有。

03

人生在世，最大的悲哀莫过于没有希望。

没有希望的生活就像荒凉的土地，干瘪的叶子，冷血残酷的行尸，不但让人感到畏惧，还会让人失去继续活下去的勇气，能把人推上绝望的谷底，万劫不复。

虽然我和小阮不能像别人那样轻轻松松就能考上好的学校，但我们还会坚持不懈地努力下去。因为除了努力和坚持，我们别无选择。只有让自己变得稍微优秀一点，离梦想更近一些，才能和别人缩小一点差距。

很多年前，我认为自己过不了大学英语等级考试。于是，我就开始努力学习英语。

我看似在用心学英语，实际上只是在假装努力。因为我并没有每天坚持记几十个英文单词，听几篇英语新闻报道，做几篇阅读理解或是写一两篇英语作文。我只是单纯地沉醉在自己的努力里不可自拔，我以为我很努力，以为上了战场就可以一举把英语拿下，但事实上，等我到了战场上却发现，真才实学的大有人在，我败得一塌糊涂。

我在经历一次又一次的考试失败之后，才得以明白，其实，我曾经的努力是远远不够让自己拥有诗和远方的。因为来到这个世上的人们都在努力，都在向上，都懂得努力奋斗的意义。而真正能够过上幸福生活，能够实现梦想到达远方的人，他们一定是比别人努力得多，比别人付出得多，甚至经历了更多的磨难的人。

既然我没有身边的人那样聪慧，也追求不到他们现在所拥有的东西，那我就该明确每个阶段的目标，放下一点姿态，比曾经的自己更努力一点好了。

别人可以在大二时相继通过 CET4，CET6，那我就多努力一年或是两年，争取在大学毕业前通过考试。

别人可以鼓足勇气报考 985 或是 211 类名校硕士研究生，我基础差，就得认清实际，选择适合自己的学校，绝对不能做一个眼高手低的人。

我只希望将来的我能比现在更加刻苦认真，更加积极向上。

04

几个月前，我身边的很多朋友考研落榜，他们很伤心。每当和他们谈论到读书这个话题时，我就仿佛回到了中学时代。

那时的我们会后悔，会失落，会郁闷，会感到失望。如果我们多背一两篇诗歌，多检查一遍试卷，多考一两分，也许我们就可以读更好的大学了；如果我们不把刚开始在试卷上选择的 A 改成 B，不把报考的第一所学校更换成第二所，也许我们就不会名落孙山了；如果我们曾经不放弃初恋，不和另外一个人结婚，不走其他的路，也许我们就可以过上更好的生活。

曾经有无数种可能会在后来的现实生活中发生，现在的我们却偏偏要在曾经故事里后悔不已。是我们曾经的努力没有用吗？

　　不是努力无用，而是你把努力看得太重，你不但舍不得每天坚持努力，还不敢正视真实的自己。你以为今天努力了，就可以歇息几天；你以为只有自己一个人在拼命，别人都在疯狂玩耍；你以为得到了爱你的人后就不会再失去她，便不懂得珍惜；你以为自己多年以后不会像别人那样时常感到懊悔……

　　结果呢？你不但失去了梦想，还背离了初衷，更放弃了爱人，从此躲藏在悔恨的角隅里不可自拔。

　　不是努力无用，而是你把努力看得太重。这是我在24岁以后，也就是在我离梦想更近一步的时候突然明白的道理，当我发现自己的能力还不足以让自己的身体和灵魂到达远方时，我还得踏踏实实、开开心心地努力前行，不要操不必要操的心，不要等不必要等的人，更不能光顾着羡慕别人而忘了自己来时的路。

　　只要你足够的努力，所有的美好终将如期而至。

以你自己喜欢的方式过一生

01

我一直很喜欢文字，只要有时间，我就会跑到书店买几本小说或是一大堆我特别喜欢的杂志，然后找一个安静的地方慢慢地翻阅。

我看书不像其他人一样大快朵颐，一目十行，我追求的是慢节奏，特别享受文字带给我的快乐。看到能触动我内心的句子，我会反反复复地默念那句话，然后把它摘抄在我的日记本里。读初中时，我已经抄满了好几个本子

我怎么也不会想到，就是这样一个习惯，使得我后来和写作成了知心朋友，那个曾经笨手笨脚的中学生也能获得别人的赞许、喜欢和支持。

每次同学写作文想不出好的名言名句，我都会把本子借给他们。他们看着我那歪歪扭扭的字体，会得意扬扬地嘲笑我："鸡架子，你不但读不好书，连写的字也是鬼画符，你对得起这些大作家吗？"

我简直快气傻了，将本子又夺回来，气急败坏地说："你借我的东西不给我汽水喝就罢了，还嘲笑我，我会让你后悔的！"

但我个子矮，又瘦，自然打不过他。之后我继续偷偷地抄句子，

并发誓一定要成为一名大作家，写出很多发人深省的文章。

02

上高中后，每次上语文课我都会认真听老师讲有关写作的知识，然后在课外拼命地写文章，一边写一边小声地背诵。

直到毕业，我已经在三本厚厚的记事本里创作了四百多篇文章，至今被我收藏在一个女孩子送给我的盒子里。我抄了三年的句子，写了三年的文章，可我却没有创造一个足够完美的自己，因为我成了同学中最差的那个学生，沦落到一所我不太喜欢的大学。

在 W 大学学中医，我实在太压抑了，感觉每天都无所适从，我便开始接触网络，玩 BBS，我将自己写的文章发在学校的贴吧里。

我看别人写长篇小说，都会在题目后面加上"连载"两个字。我不懂，就请教一位网名叫"土炮"的朋友。

土炮说，那就是持续更新的意思。我长长地吸了口气，感觉特别开心，像收获了战利品。

我立马翘课跑到学校网吧，将我的帖子也加上"连载"两个字，然后每天晚上都跑到网吧，像打了鸡血的战斗机一般更新我的文章。

后来，让我感到惊奇的是，竟有不少网友夸我的文笔不错，还有人说要和我合作，我负责写歌词，她就负责谱曲，他就负责演唱，我们仨便是"炮灰乐队"。

我竟有了自己的核心团队，那阵子把我可乐坏了，我简直就像那突然没了斗鸡眼的小子，时不时地跑到 W 大学的天台上仰望天空，天空会飞过一群大雁，一会儿呈"一"字排开，又一会儿呈"人"

字结构，总之不论它们怎么飞，怎么排，都意味着我们永远是第一。

然而，让我得意的日子并不长，后来有一天，领唱的土炮哥向谱曲的辣椒妹表白没有成功，他一气之下就将我们仨解散了。

炮灰乐队成了名副其实的炮灰，我们还没有来得及在别的乐队跟前输掉一场比赛，就败给了自己。

离开炮灰乐队以后，我便常常跑到 W 大学的河里游泳，我真希望自己有天上不了岸，这样就不用讨厌现在的自己，也不用面对辣椒妹。

自从辣椒妹拒绝了土炮哥后，她就开始每天纠缠我，她说她喜欢我。但我不喜欢她，我不喜欢长得像辣椒，又有着辣椒性格的女孩子，即使她才艺了得。

我从骨子里认为辣椒妹只适合土炮哥。

03

有时候，人的命运是无法用统计学计算出来的。

有一天，一个在传媒公司上班的大哥找到我，他说看中了我其中的两首歌词，要和我签约，并给了我一千五百元的稿费。

之前，我从没有看过合同，也没拿过稿费，但那次我真觉得一切就像做梦，亮得耀眼。我决定用稿费请土炮哥和辣椒妹吃大餐。

记得那个晚上，我在向他俩讲述我的过往经历时，辣椒妹听着听着就哭得稀里哗啦，土炮哥将二锅头一杯又一杯地往嘴巴里送，好几次他还把酒送进了鼻子里，呛得要死。

当然，土炮哥最终没有死成，反而迎来好运，因为辣椒妹终于在那晚下定决心要和土炮哥过一辈子了。

我认为他俩是这世上最浪漫的一对情侣，因为他们兜兜转转还能在一起。而我喜欢的那个送我盒子的女孩，早已经成为别人的女朋友。

土炮哥一直都喜欢辣椒妹，辣椒妹最终看到了土炮哥的好。我们仨又回到了曾经在一起的快乐时光，我们还是一起唱歌，一起在野鸡大学大吃大喝。只是我们不再叫"炮灰乐队"，因为后来我成了一名青年作者。

在我没有成为作者之前，我以为我签了两首歌词，将来由某个大歌星演唱，我会成为小有名气的词作者。可时至今日，那两首歌词还是遭遇不幸，没有哪位歌星站出来给我唱歌。我的心凉透了。于是我疯狂地看书、写稿，即使刚开始写得惨不忍睹，我还是会看着那些干巴巴的字眼自娱自乐。

我庆幸自己现在成了会讲故事而不是抄句子和写歌词的人。我时常会收到一些读者朋友的来信，每次和他们谈及写作、生活和情感经历时，我就滔滔不绝。

抄句子，写歌词在把我变成了那个差等生的同时，也让我找到了自己，找到了自己最喜欢做的事。

我结交了很多朋友，活得越来越有信心。

我曾一度认为自己差得惨不忍睹，多年来一直不敢对那个女孩子说："我喜欢你。"

我曾一度认为这世上的每一场暗恋，都是暗无天日的奔跑，因为暗恋，就是不再相恋。

直到有一天，有个女孩子写信问我，怎样才是喜欢一件事或者一个人？我终于敢大胆地对她讲我写作和我暗恋的故事了。在信中我告诉她，喜欢一件事就是像我这样，而喜欢一个人也像我喜欢做这件事一样。

她看后，又回信对我说，她终于找到了自己，找到了她喜欢的那件事，那个人。

04

有很多时候，你会用尽全力去保留自己喜欢的那一点东西。因为你越长大越能够明白，那些和你有着某种联系的人或事，总有一天会和你说再见。与其独自面对总有一个人要先走的结局，还不如趁着年华未老、岁月静好之时，去认认真真地做自己喜欢的那点事，热爱自己深爱的那个人，以自己喜欢的方式和他们过完余生。

不管在什么时候，当你找不到喜欢的那个人，做不好热爱的那件事时，一定要选择相信自己，并且为之努力。等你努力到位后，命运一定会在其他地方补偿你，让你如愿以偿。

Chapter 4

当你学会爱时，
人生其实是一张美丽的画卷

当你的年龄在走上坡路时，父母的身体却在走下坡路

01

某天，有一位 50 多岁的男性来医院看病，结果经检查被诊断为早期胃癌。老师建议他住院治疗，抓紧时间做手术。

他犹豫了一会儿，然后问："那得花多少钱呢？"

我向他伸出五根手指头，告诉他说："你得先交 5000 块住院费。"

他一听到这个数字，连忙摇摇头说："有这么贵呀，我哪看得起啊！"

尽管我们再三劝他不管花多少钱，这病都得治，可最后他还是默默地离开了医院。

下班后，我在医院门口看到他。他一动不动地蹲在地上，嘴里叼着一根香烟，看起来有些苍老。

我忍不住拍了拍他的肩膀。他回过头，看着我，眼睛略显湿润。

我问他："刚才你怎么一声不吭就走了呢？这病真的不治吗？"

他慢慢地用手从嘴里取下香烟，然后深深地吸了一口气，再把烟吐出来，可是他被呛到了，咳得厉害。

我想从包里拿出一瓶水递给他，但很快被他拒绝了。他说："小

伙子，我真没有这么多钱看这病啊。我的儿子刚毕业不久，在深圳工作，还没买房，也没有找对象。我种田供他读了十几年的书，根本没有一点积蓄。我总不能把儿子这几年辛辛苦苦攒下来的一点钱花光了吧？那他以后可怎么办啊？"

说完，他又缓缓地把香烟送进嘴里，然后闭上眼睛，开始不停地摇头，咳嗽。

我看到他的眼泪一直挂在眼角，没有往下掉的意思，像极了我们的人生，太会憋了。

做儿女最大的失败就是，在父母最需要的时候，却没有足够的经济能力和勇气承担他们的生老病死；做父母最大的痛苦的就是，在自己垂垂老矣的时候，还要继续为儿女的生活劳心费力，负重前行。

02

在现实生活中，其实有很多人，不管是初出茅庐也好，久经世故也罢，都离不开父母的帮助和支持，有很大一部分压力都是父母在为我们默默忍受着、承担着。

年少时，我们读书得靠父母；成年后，我们工作了，也离不开父母；得买车买房了，也要靠父母；要结婚成家了，也要拼父母；就算是后来生儿育女了，也需要父母帮忙照顾……

但你有没有发现，当我们的年龄在走上坡路时，父母的身体却在走下坡路。

他们开始长出白头发，掉牙齿；开始变矮变瘦，容易生病；开始淘气，健忘……直到有天突然就离开了你，再也没有人喊你的乳名，再也没有人帮你带孩子，再也没有人等你回家吃饭……

有些事，父母不会说，是怕打扰到我们的生活。

有些人，我们不去问，是怕接受不了他们屈服生活的事实。

我们的生活虽然各不相同，风格迥异，但是我们所经历的疼痛或者悲剧大概是一样的，都无法言表，一言难尽。

03

前不久，有一位同事突然接到母亲的电话，说是父亲脑出血被送进医院抢救，急需要一笔钱。

一开始，他不太相信地问母亲："我爸怎么就突然脑出血了呢？"

他母亲说："你爸一直有高血压啊，这几年血糖也高，但他又舍不得吃药控制。前几天，他身体不舒服也去外面做小工赚钱了。"

同事很生气，说："他总是这样，真叫人不省心！"

"那他还不是为了你！"他的母亲在电话那头说得有点大声，我在一旁听得仔仔细细。

同事回过头看向我。我实在忍不住对他说："炮哥，你还是赶快回去吧！你爸这么多年也挺不容易的。他们平时省吃俭用，有些小病小痛舍不得看病吃药，还不是为了攒一两个钱，在我们需要的时候给我们用。"

也许是我的话触动了他的内心，他竟突然一把抱住我哭了起来。

他说："兄弟，谢谢你！我马上就带钱回家！"

在那一刻，我好像看到他父亲从病床上站了起来，然后笑着缓慢地穿过人群，最终找到了他。

一个网名叫淡淡淡蓝的网友写过这样一段文字：

某天和朋友聊天，朋友说想换房子，可是换了房子手头就没积蓄了。我说怕什么呢，还年轻，还每天有钱在赚。朋友说，不能不怕啊，我是经历过手头没钱的人，我爸病重住ICU，一天就6000多块钱，而且妈妈也曾经得过重病，虽然现在康复中，但心里始终不敢放松。

聊到最后，朋友泪流满面，说她30岁时就经历了很多本该四五十岁时才面对的事，每一天都活得很恐慌……

著名作家村上春树说："在大悲与大喜之间，在欢笑与流泪之后，我体味到前所未有的痛苦和幸福。生活以从未有过的幸福和美丽诱惑着我深入其中。"

我对这句话的理解是，当我们都得知自己的年龄在走上坡路，而父母的身体却在走下坡路时，我们也正好处在大悲和大喜之间。

大悲的是，不管我们怎么用力，怎么挣扎，怎么哀号，都无法阻挡父母老去的速度，他们都在向死亡靠近，有天一定会和我们永别；大喜的是，我们还能趁着自己足够年轻、足够坚强、足够勇敢，可以舍去自己的一段时间陪父母走完接下来的旅程。

在熙熙攘攘的人群中，我们有人正在经历悲痛，也有人正在开怀大笑；有人正在天真无邪，也有人正在垂头丧气……

其实不管是哪个人，处于怎样的年纪，他们曾经都一定哭过、笑过、天真过、失望过、被帮助过，也被伤害过……但是都不应该被挚爱的人抛弃和遗忘，他们理应携手完成各自的使命，共同面对人生的各种挑战。

好好爱自己的亲人，就是好好爱自己

01

一位父亲听说自己的女儿过春节不回家了，心里特别难受。

当他从一家三甲医院的大门步履维艰地走出来时。他不知道接下来该怎么办，在经过激烈地思想斗争后，父亲打电话问女儿："既然你学业繁重抽不开身，那我去你的学校好吗？"

女儿听后很不高兴，连连质问父亲："你来我的学校干什么？我这里不好玩，又没有地方住，你大老远地跑过来就是想和我过个节吗？你认识路吗？开什么玩笑！我很忙！我不同意！"

说完，女儿就气鼓鼓地挂了父亲的电话。

父亲孤零零地蹲在路边默默地掉眼泪。

三天后，也就是春节那天晚上，父亲被救护车拉进了医院，但他的女儿却于当晚和男朋友在某家高级酒店开房，两个人相爱甚欢。

第二天早上，我给这位农民叔叔的女儿打电话，第五次总算接通了。

我告诉她，你爸爸离世了，赶快回来办理相关手续和后事吧。

她听了先是缄默不语，然后情绪失控地号啕大哭起来。

她说："大哥，求求你们，求求你们再救救我爸爸，他不可以丢下我不管。我爱爸爸，我真的不能没有爸爸。"

我小声回答她："对不起，你没有爸爸了，你爸爸已经死了，他是喝农药自杀的。请您节哀！"

大概一个月后，我收到一条短信，是她写给父亲的道歉书，她拜托我一定要转达给她的父亲。

因为她开始发现，这世上除了医生，没有人能够帮她重新找到自己，救回父亲。

医生虽然不可以把病人丢失的灵魂召唤回来，但在某种程度上，能够减轻生灵和死者的肉体或是精神痛苦。

当天晚上，我做了一个梦：

我把那封道歉书的内容念给那位农民叔叔听。

他当着我的面先痛哭了一会儿，然后又咯咯地笑出了声。

他说他一点儿也不怪自己的女儿，他跑去天堂只是想以最好的方式陪在女儿身边。他不想让女儿知道他患有绝症，否则他们的日子会更加凄苦。

这位父亲很爱他的女儿。

02

一位母亲来到一家商店，她想买一瓶矿泉水喝。但她犹豫不决，将水从冰箱里拿出来又放进去。

商店老板看到后，很不耐烦地问："你到底买不买啊？"

这位母亲立马转过身，再低下头，连连哈腰向老板道歉。

老板感到不屑,走到她的跟前,然后伸出手摸了摸她的破衣服,说:"舍不得买就别进来喽,冰箱都被你弄坏了!你赔得起吗?"

母亲感到很羞愧,整张脸涨得通红通红,像被染了色一样。

她慢慢地抬起头,看了老板一眼,又低下头,小声说:"我买得起啊。"

她背过身,伸出手打开冰箱,从里面拿出一瓶牛奶,再从口袋里摸出四个硬币,交到老板手上。然后,搂着那瓶奶跑开了。

回到医院后,母亲把那瓶奶给了她的女儿,自己却跑到护士站讨了一口凉水喝。

她的病房里没有热水瓶,只有一个脸盆,两根牙刷,一块旧毛巾和一支被挤扁了的牙膏。

女儿刚做完人流手术不久,她还欠医院一笔医药费,但她说这个月会努力还上,因为她一天找了好几份事情做,在工地拎完桶子就在周边捡破烂,晚上还帮着餐馆洗碗筷。

这位母亲没有家人,老公很早就死了,女儿是靠她这二十年省吃省喝、拼命干活抚养成人的。好不容易供女儿上了大学,结果被骗了,那个男孩子和她女儿上完床后就失踪了,但她并没有为此责备女儿。

这件事,母亲只跟医生提了。

人生中,我们时常以为父母不懂或是不爱自己,以为自己长大了就不用他们操心,以为他们生活在故乡就不会感到孤独,以为和他们见面来日方长。但其实不然,我们每做出一个不相见的决定,便少了一次和他们再见或者是拥抱的机会。

孩子只有看见父亲或者母亲相继过世以后,才会开始把自己的死当作并不遥远的事加以思考，才会把父母的一生当成自己的余生加以珍惜保管。

03

上个月，我的一位读者告诉我，有个已婚男人对她挺好的，每次在她需要帮助的时候，男人都会安慰她、鼓励她，还给她买喜欢的衣服和化妆品。久而久之，她发现自己喜欢上了那个男人，那个男人也告诉她以后会更加疼她，会尽快和老婆离婚。但她又觉得这样做并不好，违背道德。这一段时间，她很煎熬。

她问我："学长，你看好这样的感情吗？"

我回复她："不看好，你还是尽快离开他吧！"

她说："为什么？"

我没有直接回答她，而是给她讲了这么一个小故事：

有一次，男人和小三一起出去打猎，但那天遇到一只猛兽，他们打不过，被猛兽追到悬崖边。他们只好向上帝求救，可上帝最多救走一人，便让他们作出选择。男人和小三决定用猜拳的方式判定生死（如果两个人出同样的拳，上帝则谁也不救）。男人告诉小三他会出"拳头"，让小三出"布"，因为他很爱她。可最后，男人出了"剪刀"，小三出了"拳头"。

上帝要男人去死，男人不想死，于是把小三推到猛兽面前。他告诉上帝："你让猛兽把她吃了吧，让我活着！我给你钱！"

上帝不同意，便让猛兽吃了男人，还将男人的灵魂打入地狱。然后把小三带回了天堂。

路上，小三问上帝："我那么爱他，可他为什么骗我，伤害我，让我绝望？"

上帝说："你们本来就不是同一路人，他死后要变成猪，你死后得变成鱼，一个生活在陆地，一个生活在水里，他好吃贪色，你拜金虚荣，怎么能够在一起呢？"

小三接着问上帝："那我就活该没有人疼爱吗？"

于是，上帝在天空画了一个圆圈，小三看到她的父母，两口子此时此刻正叨念着他们的女儿啥时才会回家。另外，还有一个男生在深情地吻着她的照片。那张照片是她送给他的十八岁生日礼物。

看到这里，小三终于忍不住抱头大哭起来。

其实，你生活在这个复杂多变的世上，只有父母才是真正保护你、疼你、鼓励你、支持你的爱人。当然，未来也一定会有一个人代替你的父母继续给你毫无保留的爱和呵护。

所以，你现在要做的事情就是先爱自己，对自己负责，对父母尽责，对未来担责，而不是意气用事，冲动之下，为了所谓的爱做一些对自己和他人不负责的事情，这种损人不利己的行为早晚会让你付出惨痛的代价。

诚如作家毕淑敏说的那样，一些事情，当你年轻的时候，无法懂得。当你懂得的时候，已不再年轻。世上有些东西可以弥补，有些东西永无弥补。

好好爱自己的亲人，就是好好爱自己。

为了真正的朋友，去热爱整个世界

01

有次我想找好久没有联系的朋友聊一会儿天，于是给他发了一条消息，结果发现他已经把我删除了。

那一刻，我突然觉得心里很不是滋味。曾经玩得那么好、无话不说的朋友，怎么就能狠下心来把我删除了呢？

难道是我做错了什么吗？可是仔细想想，我并没有做过任何对不起朋友的事，无非就是自己因为最近工作和学习实在太忙了，很少主动联系他，才让他觉得我的存在已经不重要了吧。也可能是他已经习惯了一个人的生活，不想再和任何一个人保持联系……

我想过很多个理由安慰自己，但我就是很难忘记他。

我会时常想起关于我和他的一切。那时候，我们一起上学，一起游玩，一起追求同一个梦想，我们是各自的倾听者，各自的开心果，各自的精神支柱……

02

那时候，我以为结交了一个好朋友就是一辈子。

可是后来，因为大学毕业，他参加了工作，我继续留在学校读研，我们的来往开始日益减少，关系也由曾经的密不可分到偶尔联系。我们的聊天记录从一大串文字简化到几个字，聊天时长再也没有超过十分钟……

我知道我们都很难改变这种由熟悉到陌生的成长模式，但是即便如此，我也从来没有想过有天会把他删除，或者是他把我删除。因为我坚信我们是真正的朋友，无论男女，若是相知，必然相惜；若是相惜，只为诚心，便无关风月。

我很少轻易走近一个人，一旦走近了，便很难放手。即使后来缘分尽了，友情淡了或者是爱情散场了，我也要花上很长的时间，鼓起莫大的勇气遗忘一个人，忘记和这个人有关的一些事。

有人说："忘记一个人，并非不再想起，而是偶尔想起，心中却不再有波澜。真正的忘记，是不需要努力的。"

也许对于他来说，忘记我，就是从偶尔想起到心中不再有波澜，直到后来连努力都不需要了吧！

他把我从好友列表里移除了，也就慢慢地淡忘了我和与我有关的一些事情了。

而我却要独自承受这份突如其来的忧伤。因为我一直把他当成很好的朋友。

03

我一直认为，好朋友其实不需要联系得过于频繁。你们只需要偶尔聊聊天，见见面就足够了。毕竟成长以后，为了生活大家都挺忙的。

如果你总是忍不住想找朋友聊天，或者是希望朋友能够经常陪你玩，那只能说明你还没有真正长大，还不够自强独立，还没有融入现在的生活，对一些人和一些事情的想法，还是停留在当初那段温馨浪漫、无忧无虑的岁月。

你拒绝成长的方式，就是想像往常一样和朋友保持亲密的联系。但是你又明白，朋友也有新的生活和新的朋友。你不敢打扰他，害怕和他继续走得太近会耽误他、影响他，甚至会惹他烦、惹他不开心。所以你想忘了他，于是狠下决心删了他。

其实你也不愿意就此离开他的世界，你只不过是无法接受成长以后的生活罢了。

你不想把他删了，但是他又不能像过去一样经常和你联系。

你有点想把他删了，但是你又害怕有天他会突然找你或者是某天你忍不住很想找他。

你还是把他删了，但是你也一定犹豫了很久，挣扎了许久吧？你也一定是做了充足的准备，蓄积了足够多的时间忘了他吧！

其实你并不知道，真正的朋友就是经常想起，却偶尔联系的。每个人都没有必要把曾经亲密无间的状态带入后来的人生当中，否则便会失去成长的意义。

因为成长本身就是，要学会接受别人的成长方式和生活状态。尤其是，亲人的、同学的，或者是朋友的……

如果你不能接受他们慢慢地不联系你，那也就说明你从来都没有真正了解过他们。你的心里只有自己，却没有别人。

04

网上一直流行一句话，有事就找朋友，没事就各忙各的。

很多人错误地以为，好朋友不应该这么功利和直白。他们觉得好朋友就应该是，有事没事都得联系一下。

但现实生活往往是，如果你的朋友经常找你聊天，找你玩，你反而会感到头痛，你会觉得他很烦，认为他不像你的朋友。因为他实在是太空虚，太无聊了！而你却不愿意被打扰，被浪费太多的时间。

成长以后，其实你根本就不愿意聊天，甚至你还很讨厌聊天！你情愿在空闲时面对着窗外发呆，你也情愿躺在床上一动不动……

现在的你倒是更希望真正的朋友就是，有事爽快一点，没事别瞎扯。

他突然找你一下，当然是把你当成好朋友，因为只有把你当成好朋友时，他才好意思开口。要不然，他也就不会突然找你帮忙。

好朋友不就是在各自需要的时候能用得上的吗？

他失恋了，很难过，想找一个人倾诉一番，于是他找到你，说明他从来都没有忘记你，他还记得你是他的好朋友，他知道你会帮他。

他没钱看病了，很绝望，想抓住最后的希望，于是找到你，还是说明他没有忘记你，他还记得自己是你的好朋友，他希望你会帮他……

并不是说，经常保持联系的两个人才是很好的朋友。其实，那些不会主动删除你，还会偶尔联系你，甚至害怕打扰你，有天害怕失去你的人，才是你真正的朋友。

有人说，真正的朋友就是在你最无助的时候，还会在你身边帮助你的人；真正的朋友是有距离的，不远也不近，不疏也不密。

真正的朋友是长时间的不见面，见了面也不会尴尬；真正的朋友是你诉苦的对象，愿意无偿地听你诉苦，无论什么事情；真正的朋友，不会把我们是好朋友挂在嘴边。

真正的朋友，永远不会主动把你删除或是拉黑了。一旦那样做，他会感到很难过。就像他永远也无法接受亲人离开他一样！

所以为了真正的朋友，我们要一直热爱整个世界！

有没有那么一个人，让你无数次想过放弃，但终究还是不舍

01

有没有那么一个人，让你无数次想过放弃，但终究还是不舍？

当你爱上他的时候，你的心就会变得与众不同，炙热无比。你会觉得为了他，你可以放弃很多曾经的习惯和坚持，甚至不顾一切地想他、找他、陪他、忘不了他……

没有人知道，你想他的时候有多煎熬；也没有人知道，你找他的时候有多狼狈；更没有人知道你陪他的时候有多卑微……

没有人知道，他已经不爱你了，但你还是静默地站在原地，等他归来。你哭了，眼泪是你自己的；你痛了，他也体会不到。

亲爱的，你一定要坚强啊！即使无法放弃，难以割舍，也要勇敢并且坚强地活下去。因为有天你会发现，原来爱情真没那么重要。人生，只不过是你一个人的人生。

02

我认识的一位阿姨，每当她为自己不幸的婚姻感到伤心难过时，

就找我哭诉。

我一直对她说:"阿姨,你就不要再哭了。如果他真的很爱你,他一定会在你生病住院的时候陪你,而不是等着儿子回来才把你送进医院;如果他真的很爱你,他一定会乖乖地听你的话,而不是你说什么他都认为不对;如果他真的很爱你,他也一定能吃得了苦,甘愿为这个家奉献甚至牺牲自己,而不是只会在别人面前吹嘘自己为了生活有多卖命……"

我希望阿姨能够振作一点,看开一些,不要把对方看成生命中最重要的人,也不要觉得有天失去了他就没有了活着的意义。

到了一定年纪,我们会发现,在爱情和婚姻当中,对方不是最重要的,自己才是最重要的。爱情只不过是让我们更加了解自己,不用把得失看得太重。一开始就不够深爱你的人,以后是不可能一直对你好的。

我每次开导阿姨时,她都答应我不再伤心和难过。但是没过几天,她又会在朋友圈里说一些透骨心酸的话。

她说:"以前怎么会看上你,爱上你?"

我在底下评论:"阿姨,你怎么还没好呢?"

她说:"我也不想因为爱情要死要活啊,可是我跟他生活了二十多年,看到他每天这个样子,从来都不会为我着想,也从来没有对我真心好过。我能不心痛吗?"

读到这段文字,我竟不知道该怎么鼓励她、安慰她。我曾经对她说过的那些话,在她那卑微的爱情面前一文不值。她还是那个容易因为爱情而受伤的女人。

03

这个世上总有一些人，在别人或是家人面前顽强无比，坚不可摧，她不怕苦，不怕累，也不怕痛，但她就是畏惧爱情，只要站在爱情面前就会感到迷茫无助，脆弱不堪，甚至会有一种濒死感。

阿姨就是这样的人。

她很爱丈夫，可是他不怎么爱阿姨。我不知道他们为什么会走在一起，然后生下小孩？也许是曾经的一丝温情，一时激情，或许也掺杂着一些爱情。

任何不在同一平台的爱情，到最后只会沦为生存的奴隶。他们明明不爱彼此，但是为了孩子却可以选择将就；他们明明不爱彼此，但是为了面子却可以默默忍受；他们明明不爱彼此，但是为了某些利益却不敢离婚……

这种不对等的爱情给人带来的伤害，是很难用别的东西来弥补的，它会深入一个人的骨髓，影响一个人的神经，任凭你怎么感染她、治愈她，都无济于事。有很长一段时间，她都会隐隐约约地感觉到心痛。

你问她这种病有多厉害？她说不出来！

你问她这种病会好吗？她并不知道！

你问她需要帮忙吗？她话说到一半，就忍不住哭了。

有位作者说："爱情是一把利刃，当你爱上一个人的时候，就相当于亲手把这把能伤害自己的利刃交到了对方的手中。倘若所爱非人，那简直就是灾难。"

很多人就是在轻易原谅对方的时间里，慢慢地毁灭自己。他们实在是把爱情看得太重要了，以至于在受到对方的冷落和攻击时，竟不知道闪躲和为自己疗伤。

其实你应该仔细想想，当你的丈夫或是妻子对你不太好的时候，也许你的子女在代替他给你更多的爱和包容；当你深陷爱而不得或是爱恨交加的囹圄时，也许在最痛的时候选择放手，其实是给自己的人生打开一个新的出口。

当你以为失恋或者离婚以后就不会好起来时，也许你的生活开始有了其他的改变。以前你把爱情当作生命的全部，现在你只把自己看成人生的唯一。你开始懂得：人活一世，自己最重要。

04

我弟弟和他的女朋友小陈分开以后，还是忍不住想她。他给小陈发微信，但小陈并不搭理他，他便会等到深夜，实在控制不住自己了，就会直接打电话质问小陈："你为什么不回我的微信？"

"我都跟你分手了，干吗和你说话？"小陈很气恼。

弟弟不知道该怎么回答，只好挂了电话，然后跑出房间。我跟在他的身后，但不敢打扰他。

他背着手在院子里踱来踱去，任凭凛冽的寒风钻进他几近破碎的身躯，大雨一点一滴地渗进他的血管，他并没有咆哮，只是张大着嘴巴，呼哧呼哧地喘气，就如同一只被困死的巨兽，无力哀号。

终于，他有些坚持不住了，浑身上下开始瑟瑟发抖。我走向前，想给他披上一件外衣，但他用手推开了我，说："哥，你就不要管我了，让我一个人静静吧！"

我低下头，怔怔地看着他的影子，它又黑又长，仿佛快要把我吞没了。我很难受，不知道该怎么宽慰在爱情中受伤的弟弟。

　　曾经有陌生人因为感情的事情想不开而找我聊天，我总能说出很多道理鼓励他们，但当我面对弟弟时，却一个字也说不出口，大概是我对这种爱情太熟悉了。

　　和很多人一样，弟弟和小陈在一起是在大学校园里。那时候，我们爱上一个人，只要稍微努力，就可以拥吻爱情。可是多年以后，当我们大学毕业了，融入了社会，越来越多的选择和烦恼会慢慢地改变我们。

　　弟弟去了广州，小陈回到了故乡。他们的爱情开始被大人、工作、金钱、时间和距离影响。随之而来的就是不断的猜忌、争吵和冷战。直到某年某月某天某个时刻，小陈主动提出分手，弟弟答应了，也就意味着他们的爱情走到了尽头。

　　我问弟弟："你还想和她和好吗？"

　　他说："不知道。"

　　"那你为什么还要主动联系她？"

　　"我就是想她了！"

　　"你舍不得她？"

　　"我也想忘了她！可是，哥，我真的做不到啊！"

　　我继续问："那你还爱她吗？"

　　弟弟说："不知道。但我就是无法接受她跟我分手的事实，应该是她不爱我了！"

　　我说："应该是你们都不再爱着对方了。"

　　弟弟问："那为什么我这么想她？"

"我觉得你很难放弃一段感情，不是你有多爱对方，而是实在舍不得让那样一个再也熟悉不过的人，突然有天从自己的世界抽身离开。这种再也见不到她的感觉，好像永远地告别了亲人一样，比如有天我离开了这个世界，你一样会痛彻心骨。"

弟弟慢慢地蹲下身子，然后抬起头看了看我，我也弯下腰，再一把搂住弟弟，最后我们都哭了。

05

我看过这么一句话，当一个人成为你心底的痛苦时，你一定要忘了他。

爱一个人并不痛苦，痛苦的是爱你的人给你的伤痛。这种痛往往是刻骨铭心的，足以让你痛上大半辈子，所以你要努力忘了他。

在没有人比你自己更爱你之前，一定要好好照顾自己。累了就休息一会儿；饿了就吃点东西；想哭就大声哭出来；想回家了就跟妈妈打个电话……

生命中，没有多少人能陪你走到最后，曾经再怎么想念或是爱一个人，他也只是匆匆过客。

我们一定要好好爱自己，一定会有一个人永远留在你身边，即使不是爱情，也一定是全新的旅程！

你也是那种非要等到离开，才会感到痛苦不堪的人吧

01

朋友圈有位微信好友发了这样一句话："有很多时候，一个人的改变是从另一个人的出现或者离开开始的。"

看完后，我觉得挺难受的。

生活中，你一定也是那种非要等到有人离开，才会感到痛苦不堪的人吧？她在你身边时，你总嫌她烦，觉得她太单纯、很黏人、不可理喻等等。有很多时候，你会巴不得她快点消失，和她撇清关系。但等到有一天她真正地离开了自己以后，你又会感到不习惯、不自在，内心空荡荡的。

难过时，想找一个人说话，可最愿意陪你聊天的那个人已经把你拉黑了。

成功时，想和一个人分享喜悦，可最希望你快乐的那个人已经看不到关于你的任何消息了。

曾经很熟悉的一个人，有天说走就走了。她有可能是被你气走的、骂走的、赶走的，总之，她一定是攒够了失望才决意离开你的。

她不会再给你打电话了，也不会再给你发消息；她不会再为你

做饭了，也不会再给你洗衣服；她不会再管你了，也不会再批评你；她不会再打扰你了，也不会再麻烦你……

很久以前，对于这个世界，你可能不在乎一个人吃饭、一个人睡觉、一个人快乐、一个人悲伤，但对那样一个人而言，你却是她的整个世界。

很久以后，对于这个世界，你可能不再喜欢一个人吃饭、一个人睡觉、一个人快乐、一个人悲伤，但对那样一个人而言，她却早已习惯了这样的生活。

02

我的朋友王柏告诉我，他最近很不开心，不管做什么事情都提不起精神来，觉得没有意义，还会莫名其妙地感到空虚孤苦、失落惆怅。但以前他不是这个样子，而是一个活泼开朗，甚至还有点骄傲自满的人。

问及原因，他也讲不清这种改变是怎样发生的，但好像是在某个人离开自己以后就开始了。

她叫英子，三年前，在一次旅行中遇到了王柏。

英子觉得王柏人很不错，无论是相貌还是性格都是自己喜欢的类型。

在他们各自返程的那天，英子主动要到了王柏的电话号码。英子告诉王柏，她很乐意跟他聊天，以后还会时常找他说话，希望他不要拒绝，记得时常保持联系。王柏以为英子只是出于人情世故，说说而已，便随口答应了。

他并没有把这件事放在心上。

大概是两天后，王柏才突然发现英子当时说的话是认真的。英子开始要求王柏陪她唠嗑，给她讲故事，为她答疑解惑。不管是生活上的小困扰，还是工作上的小情绪，英子都会主动找到王柏倾诉。一旦王柏表现出一副不太乐意或是不以为然的态度，英子就会对王柏耍小女生脾气，这让王柏招架不住。

王柏说："英子应该是喜欢上我了，但我感觉自己不喜欢她，不知道该怎么办。"

后来，在同事的帮助下，王柏联系到一位情感作家，向这位情感作家咨询。

情感作家建议王柏尽早拒绝，否则结果会越来越糟糕。王柏同意了，答应试试。

尔后，只要是英子发来的微信消息或是打来的电话，王柏都不再回复，拒绝接听。虽然这样做，王柏会感到难过，但他又没得选择，他真的害怕会让英子一个人越陷越深。

当然，英子并没有轻易放弃，而是越挫越勇，不停地给王柏发信息，打电话，既向王柏报告每天的生活日常，又对王柏诉说衷肠，坚持了三个多月。

王柏告诉我，他本想在四月十号傍晚打电话给英子，祝她生日快乐。但那天上午，他无意间发现英子的朋友圈关闭了，给英子发了两条微信，结果都提示"对方已不是好友"。

英子不但把王柏的微信删除了，还把他的电话号码拉黑了。这让王柏怎么也接受不了。因为他从来就没有想过那个会主动联系自己并且很喜欢自己的姑娘，有天会走得那么干脆，悄无声息。

人生中，我们时常以为自己独一无二，不被替代，不会改变，以为别人一旦喜欢上自己，就算不做出任何回应，甚至公然拒绝也不会被放弃。但事实上，我们都不是这个世上唯一的，不可以辜负或者抛弃的人。

你以什么样的方式中伤过别人，别人同样会以差不多的方式伤害你。

你不喜欢别人，想用尽一切办法逼她消失，自然有一天她也会执意要离开。

所以，真正让我们感到难过的、失落的、困苦的东西，并不是她的突然离开，而是你的不曾挽留。

03

有一对情侣决定分手后，两个人都愁眉不展，百爪挠心。

女方告诉自己，如果他还爱我，一定还会主动联系我，只要他还愿意向自己承认错误并保证以后好好生活，那就原谅他，和他和好。

男方以为，她之所以会同意分手，一定是对自己很失望。如果再主动联系她，求她再给自己一次机会，她应该会拒绝，那肯定很丢脸啊，还是等她先开口吧。

不再主动认错，不再迎难而上，开始逃避，尝试放弃反而成了我们处理感情的方式。

但有时候，有些话不讲个明白，有些事不弄个清楚，别人就永远不知道你需要什么，想些什么。害怕失望所以就变得煎熬，畏惧离别所以就感到惆怅。

非要等到有天看到她和另一个人走进了婚姻的殿堂，才会忽然发觉原来她还一直留在自己心中，会莫名地感到心痛。

曾经你以为和她分手，是因为自己改变不成她喜欢的样子，很难融入到她的生命当中，但实际上，从你做出和她分手的决定时起，你已经在努力地改变成她喜欢的样子，并且在拼力地融入她的圈子。只是你不敢相信，不愿意相信，甚至还拒绝相信罢了。

你曾想过千万次她会离开你的方式，却唯独没有想过你会怎样离开她。

04

奶奶死后，爷爷时常在深夜抱着奶奶的遗像说：

"老婆子啊，我现在真的很后悔当初没有好好听你的话。如果我尽早戒烟，也许肺癌就不会找到你，你也就不会这么早离开我。

"老婆子啊，我现在真的很后悔当初没有给你买你喜欢的衣服，给你做好吃的食物。如果当时我拼命工作，用心攒钱，也许你会很高兴，就不会隔三岔五地和我吵架，自然也就不会这么早离开我了。

"老婆子啊，我现在真的很后悔当初没有好好陪你说话。如果当时我每天向你汇报情况，表达内心的喜怒哀乐，也许你就不会把很多不开心的事积存在自己的心中，我也就不会这么早失去了你……"

爷爷很爱奶奶，但他一辈子没有当过奶奶的面说"我爱你"之类的情话。直到爷爷把奶奶亲手装进棺材的那个黄昏，爷爷才吻了奶奶的额头并告诉奶奶："老婆，我爱你啊。"

爷爷被查出胆囊癌的那天，他把我叫到他的身边，要我答应他一件事。

他死后，一定要和奶奶葬在一起，因为他还有很多秘密要跟奶奶坦白，还有很多故事想对奶奶说，尤其是奶奶离开他后的一些改变。

其实，在奶奶被医生宣判死刑的那个瞬间，爷爷就把那根刚被点燃的香烟掐灭了。

在奶奶去世的前一个晚上，爷爷从城里买回了那件被奶奶喜欢了很久却舍不得买的衣服。

每年清明，爷爷还会把好吃的饭菜端到山上和奶奶一起吃……

假以时日，你希望可以和他一起跨过三年之痛，走过七年之痒，当你们的爱情由火红的玫瑰变成温热的白粥，你想要的幸福不单单是他能给你浪漫的生活，而是能从他的生命里看到和你携手一生的勇气。

米兰·昆德拉说："遇见是两个人的事，离开却是一个人的决定，遇见是一个开始，离开却是为了遇见下一个离开。这是一个流行离开的世界，但我们都不擅长告别。"

既然如此，那我们更应该学会珍惜现在所拥有的一切，好好过当下的生活，认真地爱自己和自己爱的人。

当你学会爱时，人生其实是一张美丽的画卷

01

阿婆出殡那天，隔壁家的胡婶从阿婆家的鸡窝里掏出一枚鸡蛋。胡婶对我说，这是阿婆留给我的遗物。我的右手再也不像儿时那般灵活，这回怎么也不听使唤，哆哆嗦嗦得厉害。

胡婶说，这枚鸡蛋很小，壳上沾着血丝，肯定是阿婆家母鸡生下的第一枚鸡蛋。我连连点头，用手揩了揩眼角，生怕抑制不住掉下的泪水会弄脏或是打碎它。那是阿婆送给我的最后一枚鸡蛋，我可不能再做出令她失望的事情。

我小的时候家里穷，妈妈靠种些农作物和卖血养活我和弟弟。不知道自己是不是讨厌吃酱油拌饭的日子，或者是不忍心看妈妈再瘦弱下去的缘故，有一天，我蹑手蹑脚地溜进了阿婆家，蹲在鸡窝旁等母鸡下蛋。

说来也真是奇怪，阿婆家的母鸡也够大胆的，见我这个贼纹丝不动，一点也不害怕，还用好奇的眼睛看着我，好像我脸上画了一只它暗恋好久的公鸡。我见它如此淡定自若，忽上忽下的心一下子变得踏实、平静起来。

没过多久，那只母鸡突然张开翅膀，从我头上飞过，不停地"咯咯嗒"叫，它实在是太高兴了吧！屁股扭起来十分张扬。我见它得意扬扬地去外面报喜了，便麻利地将右手伸进鸡窝，手指在触碰到鸡蛋的刹那，热乎乎的感觉瞬间让我欲醉欲仙。

回到家，我把那枚鸡蛋交给妈妈，妈妈问我鸡蛋是从哪里来的，我脑子一激灵，说是从山上捡的。妈妈用狐疑的眼神瞅着我，我用严肃的眼睛看着她，我不想让妈妈看出我在撒谎。

那天中饭很丰盛，妈妈用那枚鸡蛋炒了两个菜，一个是韭菜炒蛋，另一个是黄瓜炒蛋。我喜欢吃韭菜炒蛋，弟弟则喜欢吃黄瓜炒蛋，我认为弟弟是不怕死的小家伙。在我们村里流传这么一句俚语，"黄鳝焖鸡，吃了去归（死的意思），黄瓜炒蛋，吃了剥硬（也是死的意思）"。但妈妈说，穷人家不怕死，也是死不怕的，家里的园子除了韭菜只剩黄瓜了。

02

一个人一旦在某个地方尝到了甜头，就再也不想从糖缸里爬出来了。

我在吃到第一个鸡蛋后，就隔三岔五地跑到阿婆家蹲点，也叫蹲窝。一旦母鸡从我头上飞走了，我下手就会超快。我从来没有想过，自从我当了偷蛋贼后，我会吃到那么多好吃的饭：青椒炒蛋、丝瓜炒蛋、西红柿炒蛋、蛋花汤、水煮蛋、荷包蛋、蛋炒饭……

整整一个月，我和弟弟胖了五斤，妈妈胖了两斤。我兴奋地找不着北，心里发誓要成为职业偷蛋贼。

有很多时候，希望就像吹气球，你吹得越大，它离爆炸就越近。就在我成为职业偷蛋贼的第一天，我终于被阿婆逮了个正着。我以为阿婆一定会拽着我的衣领，或是扯着我的胳膊，骂我是个没爹养没娘教的野娃，然后带我去见妈妈。

阿婆并没有如我想象中那么"凶"，她只是用双手小心翼翼地伸进鸡窝，然后抱起母鸡说："傻孩子，别人偷你的孩子，你怎么不晓得反抗呢？你可真是傻到了家！"

我那时只有七岁，自然还不能理会阿婆这些话的意思。我认为阿婆疯了，她在胡言乱语。我用颤抖的指头指着阿婆的鼻子："你，你，你不会真疯了吧？"

阿婆还是没生我的气，她用手不断地抚摸那只母鸡的头："孩子，要乖，以后得听话。"

我看见阿婆成了"疯子"，拔腿就跑，我跑得比胡婶家的狗还快。胡婶家的狗实在太可恶了，每当我想从它的地盘夺走一根骨头给我家的猫吃时，它总是比我跑得快很多，我拿着棒子都打不到它，"汪汪"声总把我气得暴跳如雷。

我回家对妈妈说："阿婆疯了。"

妈妈不信，她说："阿婆刚刚来过我们家，还给我六枚鸡蛋，让我煮给你和弟弟吃。说你俩在长身体，别人家的孩子都个头大，就你和弟弟个头小，矮子是容易被人欺负的。阿婆这辈子就受惯了人的冷眼与嘲笑。"

阿婆说得没错，我当时在偷鸡蛋就说："那个矮子又去哪了？"

我死死地盯着桌子上的那六枚鸡蛋，一时不知道该说什么。不一会儿，鸡蛋又好像滚进我的心坎，冷冰冰的，我纳闷地想："阿婆怎么就没发疯呢？"

我多希望阿婆疯了，这样她就不会向妈妈告状，说我是个贼。贼是埋在妈妈心里的地雷，爸爸就是被贼给偷走的，妈妈这辈子恨透了贼。

不知道怎么回事，我全身开始抽搐，不敢向前挪走一步。妈妈背靠着我做饭，如果我做错事惹妈妈生气了，妈妈就会用锅铲柄狠狠地打我的手，嘴里还会骂：

"叫你不听话！"

"叫你做贼！"……

我真想一脚把桌子踹翻，"死矮子，你装什么好人？还想用鸡蛋贿赂我妈，让我挨打。哼！下次我非把你家的鸡全部给活活打死。"

就在我恨得咬牙切齿时，妈妈转过头，她拿着锅铲笑着说："娃，这回你可真替妈长了脸，你奶奶说，你帮她抓了偷蛋贼，这些蛋都是犒赏你的。"

找傻傻地看着妈妈，妈妈笑得简直合不拢嘴。我的身体一下子变得暖和起来，我看到阿婆把蓝色手绢裹着的鸡蛋，放进我的体内，焐热了我的血管。

那一次，我坐在桌子旁吃了两大碗饭，只吃韭菜炒蛋一个菜。

03

我被伙伴砸破了脑袋，流了好多血。胡婶对妈妈说，孩子失血过多得多补充营养。可妈妈没钱，头两天妈妈卖血得的钱帮弟弟治病花光了。

夜里，妈妈搂着我睡觉，呜呜地哭："娃，妈对不住你，妈没用。"我用双手帮妈妈抹掉眼泪，病恹恹地说："妈妈，我会不会死啊？胡婶的儿子说我的脸白得像死人。"

"我娃福大命大，不会死，等明天我想办法。"妈妈边哭边说。

第二天一大早，妈妈准备去县城卖血，顺便带我去医院打一瓶氨基酸。可就在我们关大门时，阿婆却摇摇晃晃地来到我家，她挽着一篮子鸡蛋。

"孩子他妈，别再去卖血了，你身体耗不起。这是我拿给娃的蛋，给娃补补。"阿婆说着把装着鸡蛋的篮子递给妈妈。

妈妈再三拒绝，阿婆再三将篮子塞给妈妈。我在旁边摇着妈妈的腿："妈妈，奶奶给的，你就要吧。"

妈妈看了看我，又转头看着阿婆。阿婆看了看妈妈，又转头看着我。她笑了笑，摸着我的脑袋："娃，以后可得听话，做个好孩子。"

吃了阿婆的一篮子鸡蛋后，我浑身充满力量，胡婶家的狗总挨我的棒子，我家的猫就此可乐坏了。

再后来，有一天，我看到妈妈坐在灶前不生火，哭得稀里哗啦。我以为妈妈开始想爸爸了。可还没等我搂紧妈妈的头，妈妈就哽咽着说，"你奶奶死了，你张奶奶死了。"

阿婆姓张，抗日战争时嫁到我们村里。她和阿公结婚不到一年，阿公就被鬼子打死了。从此，阿婆终身守寡，一个人守着一幢土坯房子。阿婆每年都会养几只鸡，靠拾破烂和卖鸡蛋养活自己。

我七岁以后，阿婆就再也没有卖过一枚鸡蛋，她的鸡蛋都给了我。她说，一斤肉养人一天，一斤鱼养人三天，一个蛋养人七天。我吃了她无数个蛋，那么，我这辈子都不可能缺营养了。

阿婆用一种椭圆的生命教育我、滋养我，给予我爱和宽容。如果不是因为阿婆，也许我永远等不到天明，我压根不会从七岁那年冬天开始听妈妈的话。

阿婆出殡后的第二天，我就上小学五年级了。我跑到屋后的河边，将阿婆给我的最后一枚鸡蛋扔进河里。我记得阿婆说过，河是博爱的。比如，有天你偷走了河里的珍珠，但河并不会怪你，她反而会在你干瘪的日子里给你带去一场场甘霖。因为这一句话，我后来成了一名医学生也成了一名作家，我想用河的精神报答这世上每一位需要爱的人。

一个人对你的关怀和鼓励，会让你觉得生命非常美好，也能让你懂得爱和感恩。人的一辈子并不短暂，当你心里有爱，懂得感恩，一辈子会像历史画卷，很长，很长。

你的温柔善良，终将闪闪发亮

01

假使你还没有完全丢失一颗纯洁的心，人生路上就一直会有善良的人陪在你的左右。

如果你不幸在一座城市中迷失了方向，得忍饥挨饿，肯定有人会在此时此刻送你一盒丰盛的便当；如果你在异乡漂泊，遭遇欺凌，也会有人借你一个坚实的臂膀，帮你渡过难关；如果你徘徊在便利店门口，没有勇气向心仪的女孩告白，会有人安慰你、激励你，为你加油助威。

记得某次我从外地参加一场考试比赛回来，火车在途中遇到塌方，耽搁了好几个小时，凌晨两点多钟才到达中转站。

我感觉脑袋实在晕得厉害，便在火车站广场找到一个小角落躺了下来。没过多久，我就睡着了。但等我醒后，却发现自己的钱包不见了。我吓出一身冷汗，连忙起身四处寻找。

我没能找回钱包，没有钱买汽车票返回老家，我怕会莫名其妙地死在那座小城市。因为当时的我只有 15 岁，第一次独自身处异乡。我感到特别害怕、难过，竟情绪失控地坐在广场上嗷嗷大哭起来。

路人见状纷纷向我围拢。他们问我出了什么事。我支支吾吾地说不出话，只是用可怜兮兮的眼睛看着他们。这时，一位阿姨从人群中走了出来。

她站在我的面前，再蹲下来，用手摸了摸我的脑袋，说："娃，你有什么困难尽管对阿姨讲。只要阿姨能帮到你，我一定答应你。"

我点点头，回答她说："我钱包丢了，没钱回家。"说完，又慢慢地低下头。

阿姨摸了摸我的脑袋，笑着说："傻孩子，这不是事儿，我帮你啊。"

我抬起头，看了看人群，又看向阿姨。只见她从皮包里掏出一百块钱塞到我的手里，高兴地说："孩子，你别哭了，快回家去吧！"说完，又把我从地上拉起来，就转过身离开。

阿姨的背影在人流中消失了，但她的样子和声音我永远记得。她高挑美丽，声音温柔细腻。就好像那年冬天的暖阳，能让人的生命发光发亮，沸腾起来。

02

前不久，有一位比我年长十多岁的大哥向我感叹，年轻时，他最大的梦想，就是能够尽自己所能帮助别人。他觉得帮助别人是一件能让自己感到无比快乐的事情，他愿意为之奋斗终生。

但随着自己年纪的逐年递增，尤其是在学习、生活、工作中经历过一些事情以后，他觉得自己已经配不上当初的梦想。他不再愿意热情主动地帮助别人了。

这位大哥告诉我，在他读大学时，他曾积极主动地帮助班上一位男生追求一位女生。

有一天，男生在他的鼓励下，终于向女生告白了。

但不幸的是，男生被拒绝了。

男生失恋以后，就开始责备大哥多管闲事，怪他不应该说服自己。这样，男生还是可以和女生做很好的朋友，可以继续偷偷地喜欢她。

大哥有些伤心，时常会为这件事感到自责。

他明明是好心帮助朋友，结果却失去一位朋友。

后来，大哥参加工作了。有一次，部门经理要求同事李小姐加班完成一个项目企划案。但是李小姐那天身体不舒服，她就找到大哥帮忙。

大哥毫不犹豫地答应了李小姐。

经过连续几个小时的苦战，大哥终于在晚上十二点多完成了任务，将企划案发到了李小姐的邮箱里。

第二天上班时，李小姐说大哥的思路和自己差不多，企划案写得很棒，下班后一定请大哥喝咖啡。

大哥说，好。

但是中午开会时，经理说那份企划案因为有纰漏，导致公司损失了一个重大项目，负责写企划案的人得承担一定责任。

经过董事会研究，公司决定解雇大哥。

大哥失去了人生第一份特别喜欢、非常重要的工作。他既难过又愤慨，觉得命运对他不公，因为好心做好事却没有好报。

经历过这两件事情以后，大哥认为，成年以后，努力帮助别人其实并不是一件多么美好的事情，甚至还可能会给自己带来无尽的麻烦和困扰。

有时候主动帮助别人，不但别人不会领情，还有人会骂他脑子有毛病。

你曾经以为帮助别人度过生命的难关后，自己就可以获得足够多的快乐感和满足感。但当你主动帮别人做得越多，也就意味着你碰到的坏运气也就越多，面临的事物也就越错综复杂。

03

大哥说，他现在只想安安静静地走自己的路，过自己的生活。别人苦不苦，他人累不累都和自己不相干。

路过天桥时，碰到卖艺乞讨的人，他会假装视而不见。

在朋友圈刷到别人求助的动态时，他会立马跳过该条消息。

在异乡遇到没钱回家的路人时，他也不再多问，只管扬长而去。

从前温润美好的生活教育你要努力做一个好人，把帮助别人、服务他人当成自己一辈子的梦想。

但多少年后，当你穿梭在迷惘无尽的世界，路过形形色色的人群，你会发现当初的梦想原来是个好笑的事情。

你把自己笑哭了，不再愿意相信任何人，也不再愿意帮助他人。

你只会越来越肯定，并且毫不迟疑地劝另外一群比你年轻的人，终有一天，残酷的现实生活一定会把好心的你变得陌生。

所以，你只管理着头努力地走下去，不会顾及除自己以外的任何人、任何事。

但这样的生活，这样的自己真的是你想要的吗？

不是做好人容易受伤，而是你不敢正视自己是一个好人。

不是现实生活过于残酷，而是当你面对生活的种种挑战时，自己过于冷血麻木。

如果说一颗种子因为被猎鹰带到荒漠以后，它就对自己的未来失去信心，那它一定会变成像周边一样的不起眼的东西。反之，它就有可能成为这片荒漠里唯一一株有生命，有涵养，有光辉的生物。

也就是说，如果你始终坚持做最好的自己，不畏艰难险阻，不与世俗同流合污，凡事都有自己的主见和态度，处事不惊，为人有标准，那这个世界就会多一个好人。

这个世界就会因为还有像你这样的好人存在，而慢慢地发生改变。

04

我们要对这个世界拥有信心。

越是难以做好人，你越要有坚持做好人的决心，引导更多的人向善，给自己带来真正的快乐或福气，并为之努力修行。

越是难以成功，你越要把它当作一生的梦想，并为之奋斗不息。因为生命的美好就在于为梦想奋斗的旅途。

你内心最纯真的想法或是脑海里最初的念头，不就是努力做一个好人吗？

比如，十年前，那位阿姨在我急需帮助时选择站出来帮助我。她的一份善意不但解决了当时我所面临的问题，还在多年以后深深地感染并影响了我。让我自始至终相信，不管这个世界怎么改变，都会有美好的人和事。

很多年前，那位大哥选择帮助朋友和李小姐。虽然因为运气不好而遭到不公平的对待，但他至少为年少时做一个好人的梦想努力坚持过。即使在努力做好人的过程中经历了太多苦难，但多少年以后，自己并不会为此感到遗憾。

不是做好人容易受伤，而是你不敢把它当作一生的梦想。

其实，人生的冬天很快就会过去，所以每年春天，你应该把一颗颗精心挑选出来的种子埋在花盆里，放在窗台上，等待暖阳和雨露降临。

夏天，它们会开出鲜花。

秋天，你的仓廪会满满的，一个紧挨着一个，很可爱，也很有力量。

Chapter 5

你不要轻易感到绝望，
因为还拥有希望

你在白天感到不安，却在晚上佯装强悍

01

我好几次回乡下都遇到过一些尴尬的事，其中令我最为难堪的就是，遇到好些年没见到过的老同学或是老朋友。大老远的，他们就朝我招手，喊我名字，热情极了。当然，我不知道他们是以怎样的方式把我这个人印入脑海，刻进骨髓，但我想这肯定和我年少时的特质有些关联。

读小学时，我的数学成绩极差，每次考试就拿二三十分，老师会罚我站门背、跪石头、拽掉我的裤子，用一根又长又软的柳条抽打我的屁股，血肉模糊。回到座位后，我就会哭，哭得呼天抢地，可没有谁安慰我，他们只会睁圆了眼睛看着我，好记住我这个人，以及发生在我身上的事，让自己吸取教训。

其次，我的家乡话说得很好，我会讲很多土笑话。每次上娱乐课，我就会像只猴子一样蹦上讲台，站在上面手舞足蹈，夸夸其谈，对着台下女同学挤眉弄眼，情趣十足。

几年下来，兴许就是因为我既像个天才，又像个二货的样子，才成了班里一道亮丽的风景线，让同学们刻骨铭心地记住了我。

但遗憾的是，在成长的路上，我把儿时的有些东西丢得远远的。因为我长个了，发育很成功，开始沦为生存的独立体，不太愿意把过去的一些人，一些事装进心里，也不太愿意怀念过去的我们。所以，后来遇到很多老同学，我就会傻愣傻愣地看着对方，尽量从他们温柔的目光里读到当年的影子。

"你看起来真的很眼熟耶！"几分钟后，我终于开口了。

"必须的，不然我叫你干嘛，你以为你长得很帅啊？"同学打趣地说。

"哈哈，那你叫什么名字，哪个村庄的？"我问。

紧接着，同学流利地做了自我介绍，慢慢地唤醒了我的记忆。

02

我记得很多年前，我们第一次站在讲台上做自我介绍时羞羞答答，但坐在下面的同学却目不转睛，听得仔仔细细，眼睛里流淌着好奇的神韵。那时候，我们对班上的每一个人都充满了期待，我们都希望能够接受彼此，让彼此加入游戏当中。

很多年以后，我们都变得苍凉伤感。我们所说的话少了一份真情实意，多了一些牵强附会，我们所做的事不再是纯粹为了自己那颗晶莹剔透的心，而是想拼尽全力接近别人，讨好别人的眼睛，活成别人想要的样子。

难怪有人感叹，成长是色彩的变幻。不见了童话书上多彩的封面，看到的是教科书一般的严肃。

坦白说，我很不喜欢这种感觉，但我又无能为力。因为美好的东西总会被某些人当作一场梦，很快就会被遗忘，就像我眼前的张同学，我对他的印象有些模糊。

我问："张同学，你怎么没读书，改卖水果了？"

张同学苦笑着说："卖水果都好多年了，小学毕业了就没再上学，书读不下去。"说完又从口袋里摸出两根香烟，递给我说："你吸不？"

我摇摇头。

他笑了笑，说："我真羡慕你，都大学毕业了！"

他的声音仿佛低入尘埃，但又好像一把尖刀刺入我的心脏。因为我也不知道大学毕业后我能过上怎样的生活，也许会比他好一点点，也许还不如他。

我沉默了片刻后，说："卖水果也不错啊，平平淡淡多好！"我顿了顿，"我还挺羡慕你呢！"

为了让他相信我说的是真的，我又违心地举了一些读书无用论的例子。

我以为这样可以更好地安慰他，同样也可以让他同情一下我，但他拼命地摇头，不停地对我说："不，不——"

我能从他这两个字中感受到他对我的敬仰之情。

原来，我对他所谈到的人和事，所领悟的道理，都是他不曾了解过，也是不会想到的。而这些就是读书的好处——谈天说地的水平，吹牛调侃的能力。

03

就好比张同学，久别重聚的我们，不是一起回忆当年，而是他向我感叹当初没能好好念书，否则也能过上他心中认为的我这样的好生活。

但是，他并不知道其实我们都一样，为了能过上平平淡淡的生活我们都得绞尽脑汁，尽心尽力。只是我们选择的方式不同，张同学选择卖水果，我选择了读书。

那为什么长大后的我们不能好好珍惜再次相遇的缘分，坐下来好好回味彼此所经历的故事，却偏偏要用世俗的眼光上下打量着对方，各自羡慕呢？

我们真的不喜欢现在的自己吗？可我们也并没有怀念过去的我们啊。

很早的时候，我们选择放弃，以为那只是开始，就像放弃了喜欢的人后还会遇见更好的人，以为那只是一段感情而已，可等到后来才明白，那其实是一生。因为很多时候我们轻易放弃了的一些人、一些事，就再也不会回来了。

如果张同学在十四岁时没有放弃读书，我在大学毕业后没有放弃初恋，而是去B城工作，那我和张同学是不是不会觉得自己放弃了一辈子？我们是不是可以带着轻松又愉快的表情回到那个可以讲笑话，会被数学老师体罚的童年时光？但是，不对啊！我们都长大了，我们变得胡子拉碴，体态丰腴，成熟深情。

有人说，人可以拒绝任何东西，但绝对不可以拒绝自己的成熟，因为拒绝自己走向成熟实际上就是规避自己的问题，逃避自己因成长而带来的痛苦，而规避问题和逃避痛苦的趋向是人类大部分心理疾病的根源。如果不及时处理的话，我们就会在将来的日子付出更惨重的代价，承受更大的痛苦。

所以说，我和张同学的再次相遇是回不到过去的。我们没有时光穿梭机，过去所发生的种种事情，哪怕是历历在目，也只能在心里悄悄地搞个祭奠仪式。

长大以后，我们都不太情愿向别人诉苦，越来越愿意把心底的痛苦留给自己，因为我们总觉得痛苦本身不属于别人。于是，我们让痛苦在心里肆意妄为地放大，越来越多的人便开始独自承担越来越多的痛苦。

04

独自长大，的确是一件特别残忍又很自私的行为，我们都不情愿，甚至不可能做到像小时候那样和身边的同学、朋友分享自己的眼泪和心事，就更不用奢望会把自己手中的糖果和舞台下的掌声传递给身边的同学和朋友了。

我们就这样随着年纪的逐年递增遥遥相望，谁都不肯聚在一起谈天说地，谁都不愿向对方说出心里话，我们只会各自羡慕。

张同学羡慕我读了很多年的书，我羡慕张同学有一副叫卖水果的好嗓音，更让我赞叹不已的是，他竟然能和小学同学结婚，多么幸福啊！我再仔细想想自己，读了那么多年的书反而越来越缺乏谈恋爱的勇气，活得越来越狼狈，从头到脚都是一个大写的"尿"字。

我和张同学也只能把天聊到这里，又转身渐行渐远。

我终于明白，为什么多年以后的QQ不再"叮咚"不停，就算博客里有成百上千个好友，也鲜有人在里面记录此时此刻的生活状态。是我们真的很忙吗？当然不是。应该是我们都长大了，换了另一种比较安静的活法，开始安于现状。

我们越来越不喜欢一群人的热闹，只习惯一个人的烟火。

比如，曾经的我以为遇见老同学或是老朋友，就该像从前那样坐下来细细品味过往经历。但多少年后，当我们再次相见时，更多的却是几句简单的寒暄，甚至还会带点功利性。

再比如，我曾经以为和女朋友分开后还可以做很好的朋友，但事实上，她和我分开以后，就把我所有的联系方式都拉黑了。后来有天，我们在大街上碰面，我本想走过去和她聊一会儿，但她很快就跑开了，她压根就不想再看到我。

所以说，那些最终会让我们陷进去的，一开始总是美好的，但结局往往是出人意料的。在生活里，我们总是不安，只好装作很强悍的样子希望别人能喜欢现在的自己。

因为即使成长是一个人的踉踉跄跄、跌跌撞撞，你也希望能一直留在那个人的心中。这样，你就可以在那个人最离不开自己的时候，用那个人曾安慰过你的话劝他：结识一场珍贵的情谊，往往是在年少无知的时候。那还是一个喜欢依赖，喜欢打闹的年纪，幼稚而真挚。那个时候眼光纯净，语言真实，能留在身边的一定是最喜欢或最欣赏的人。

但当你渐渐成长为一个成熟的个体，接触的东西越来越多，眼光变得越来越挑剔，言行却显得过于谦谨。你开始被一些乱七八糟的东西搞得晕头转向，开始更多地权衡利弊，而不是任性地感情用事。对于眼前的人和事，只是习惯性保持尽量多的礼貌，而非热情。这就是为什么人总会在光芒四射的白天感到不安，又会在孤独漆黑的夜晚佯装强悍。

不管今晚有多痛苦，你都要努力挺住

01

我读高中时，我的同桌小虎会隔三岔五地问我："胡识，你觉得今晚熬过去了，明天真的会好吗？"

小虎的学习成绩很不稳定，所以每当他考试拿了低分后，整个人就会表现出一副郁郁寡欢的样子。他很难过，需要找一个人倾诉内心的不快，便找到我，希望我能安慰一下他。

无论是在学习、工作，还是生活中，我们都会竭尽全力地把自己所理解，或是明白的道理说给那个人听，好像我们都挺擅长安慰或者治愈别人，却唯独在自己伤心难过的时候安抚不好自己的情绪，因此特别希望有人能安慰自己。

比如，前一天我还信誓旦旦地告诉小虎："你一定要相信今晚熬过去了，明天真的会好。"

小虎看了看我，点点头答应了。

第二天，小虎就从昨天的伤痛里恢复了过来。

但奇怪的是，我今天却不行了，四肢发软，脑袋空荡荡的，竟莫名其妙地感到难受，会无时无刻地质问自己："今天，我能熬过去吗？"

坦白讲，我情绪不好时，会不太相信某些话的治愈作用。因为那时候，我的学习成绩不太好，考上好一点的大学几乎没啥希望，再加上我出身贫寒，长相又很难看，还没啥突出的能力。对于今后能否成为爸爸妈妈喜欢的样子，让他们过上好一点的生活，我会时常感到迷茫困惑。

我特别希望，有天有个人能看出我内心的浮躁不安和痛不欲生，然后她也会像我铆足力气安慰别人一样鼓励我。

02

前段时间，有个女同学告诉我，她的好朋友 C 小姐和相爱五年的男朋友分手了。

失恋的 C 小姐在那个晚上特别难过。吃不下东西，睡不好觉，听不进道理，只是蒙着被子大哭。

女同学问我有没有好的方法可以安抚好 C 小姐。

我回消息："除了让 C 小姐一直哭，好像真没有什么办法。"

女同学说："那好吧，我陪着她哭。"

第二天醒来，我收到女同学在凌晨三点发给我的消息。

她说："C 小姐终于睡着了，这下我放心多了。"

我很开心。辛夷坞在《致青春》里说，曾经我们都以为自己可以为爱情死，其实爱情死不了人，它只会在最疼的地方扎上一针，然后我们欲哭无泪，我们辗转反侧，我们久病成医，我们百炼成钢。

是的，失恋了，真的没有关系，大不了痛痛快快大哭或是大醉一场。人生中有那么多生离死别，艰难险阻，磕磕绊绊。这些东西足够让我们灰心丧气，愁肠寸断，但也只是痛在一时，熬过了当天，明天一定会好起来。

03

"我喜欢一个不会喜欢上自己的人已经好几年了，昨天听说她年底就要和别人结婚了。我今晚真的很难过。你能感受得到吗？"

在微信公众号后台刷到这条消息的时候，我真的能感同身受。

我也单恋一位姑娘八年多。每当我感到透骨伤心，好像熬不过去时，就有朋友劝我说，把她忘了吧，重新开始自己的生活。可是不管我怎么用尽全力，她还是不能从我的脑海里彻底消失。

毕竟，在漫长的人生里，谁都有可能因为单恋一个人而不计成本，不分白天黑夜地去想，那副坚不可摧、负隅顽抗、默默流泪的样子决绝得很。

当然，也正是因为我们忘不了、放不下这个人，所以我们慢慢学会了宽慰和鼓励自己，能从无数个好像熬不过去的夜晚挺过来，然后又继续为了让自己变得更强大而努力。

我们每个人要习惯熬，熬过去了就是明天，熬不过去就毁于一旦。所以，不管今天你有多么痛苦，我都相信你能够挺住。

人的一生，无论你选择读书也好，选择和一个人相爱也罢，有很多东西都是生命长河里的一部分。既然你已经登上船舶，想跨过生命的长河，那么不管是在学习、谈恋爱，还是生活，你都得坦然接受各种各样的挑战，以一种会熬、能熬的精神状态，既敢于直面现实生活，又勇于追求诗和远方。

总有一次伤心流泪，让你瞬间变得强大

01

读小学时，我的数学学得很糟糕。每次考试，我都会把应用题空在那里，因为我实在读不懂那些题目到底在表达什么。

为了帮我提高数学成绩，老师隔三岔五地把我叫到办公室，然后耐心地给我讲一道道题目。不知道是我笨，还是别的原因，我好像还是听不太懂，下次碰到差不多的题目同样不会做。

我学不好数学，这令我感到既苦恼又难过。因为我害怕上了初中后，这个科目会拖我学习的后腿。

但奇怪的是，当我真的成了一名中学生时，我却能读懂应用题。面对弟弟的提问，我总能对答如流，并且还能像数学老师一样辅导他。

没有人在旁边指点我，也没有人帮我，但我就是顿悟了、明白了。

很奇怪，为什么曾经不会做的题目，等自己再长大一些后，自然就会了？

有人说，这就是成长。你能把原本看不顺的事情看顺，把看不明白的道理看得明白，把不会做的东西做得很好。

成长是一个自我觉醒并且自我修复的过程。从无聊到不无聊，

从无所为到有所为，从迷茫到走出迷茫。

02

我小时候家里很穷，爸妈没有多余的钱给我和弟弟买零食和玩具。要是某天客人来了，看到他们带了好吃的或者是好玩的，我和弟弟会立刻围上去争抢，谁也不肯让谁。

弟弟的苹果要是大了一点，我就会抢过来狠狠地咬上一口。

我的压岁钱要是多了几毛，弟弟就会躺在地上哭闹不休，非要我再分他一点儿。

我们都不能接受谁的东西更多、更大、更漂亮、更好吃。为此，我们总是打架。

后来，我考上了高中，得花更多的钱读书。但是爸妈又赚得不多，实在供不起我们上学。

我想把读书的机会留给弟弟，但是弟弟却死活不肯同意。他说我的学习成绩更好，更有希望考上大学。于是他把继续读书的机会让给了我，自己却跑到外地当学徒了。

没有人在我们旁边劝说，也没有人开导我们，但我们就是学会了体谅和关心彼此。

很奇怪，为什么小时候不能接受的东西，等再长大一些后，自然都能明白了？

有人说，这也是一种成长。你以前总是喜欢争，后来总是喜欢让。

所谓成长，就是你每经历一次事情就明白一个道理。从浅显到深刻，从普通到特殊，从渺小到宏大。

03

我最好的朋友陈大力失恋了。他问我该怎么办？其实我也不知道该如何安慰他。我就是知道，如果失恋了很痛苦，想哭，那就痛痛快快地哭。

反正爱过了，痛过了，哭过了，都会慢慢过去。要是实在觉得失恋的日子太漫长，那就多听听能够治愈心灵的歌。

有些歌，可能以前我们都听不懂，不知道其中的真正含义，也无法感同身受。

但是当你失恋后，再去听那些歌，你就能发现曾经怎么听也领会不了的歌词，某个晚上突然听懂了。

你也会因为某句歌词爱上整首歌，你读懂了它的故事，也自然明白了其中的道理。

某天，你也会惊奇地发现自己竟然捱过了一段并不快乐的岁月。

随着时间的流逝，经历的累积，那些曾经听不懂的歌，自己后来都能听得懂；那些开始无法理解的事情，自己有天竟然学会接受；那些总以为迈不过去的坎坷，自己也总能跨过去……

即使没有人在你身边手把手地教你，你也总能够找到合适的方式去解决在成长过程中所面临的一道道难题或是一次次考验。

你在无数次的欣喜或是悲伤当中，渐渐地听懂了许多以前听不懂的话，看清了许多以前不明了的恋情，明白了许多以前不能理解的事理……

有人说，成长同样是一笔交易，我们都在用朴素的童真与未经人事的洁白交换长大的勇气。它让你相信这个世界任何事情都会出现转机，相信命运的宽厚和美好。

　　所谓成长，归根结底，就是一种幸福。总有一次伤心流泪，让你瞬间变得温柔强大。

你不要轻易感到绝望，因为还拥有希望

01

有时候，你一定会对生活或是人生感到迷惘困惑、疲惫不堪，甚至孤独绝望吧？

特别是在面对困难或者伤害时，你肯定怀疑过自己，觉得自己没有希望，挺不过来。但是，今天我想要大声告诉你的是，不要轻易感到绝望，因为你还拥有希望。

我记得第一次试穿自己喜欢的西服和皮鞋时，因为买不起便咬着牙放弃了。可离开这家店以后，我发现整个人魂不守舍，不在状态，空荡荡的，不管后来去了多少家商店，试了多少套衣服——我怀念的还是第一次试穿的西服和皮鞋。

有人说，得不到喜欢的东西时，人的心情总是很空缺。我大概明白了这样一个道理。

02

小时候妈妈带我去商店买过年时穿的新衣服，我总笑得合不拢

嘴。我一会儿跑到妈妈的前头，转过身子对她说："妈，你能不能走快点儿！"一会儿跑到妈妈的后面，用双手推着妈妈的后背，铆劲地说："妈，你走得这么慢，衣服都卖完了！"

妈妈伸出手把我拽回身边，摸着我的头说："乖，听妈的话，衣服就卖不光！"

我笑着点点头。

我仿佛看到路上的小伙伴都穿上了新衣服，他们跑啊、跳啊，高兴极了。我也仿佛看到印着唐老鸭花式的新衣服冲我招手，商店的售货员阿姨还分我糖吃，我快乐极了。

但等我真的来到一家商店，看到那么一套衣服时，售货员阿姨却对我妈说，这套衣服是本店质量最好的，也是最贵的。

她的话音一落，我就知道这回又没有多大希望了。因为每年都有这种情形发生，妈妈舍不得看我难过，她就和售货员阿姨不停地砍价，但售货员阿姨却不肯让步，我好想得到那套衣服，就用力摇晃着妈妈的大腿，让她买下那套衣服。

最后，我还是依依不舍地离开那家商店，穿上了妈妈在另一家商店买的镶嵌着黑猫警长的新衣服。

我虽然不太喜欢黑猫警长，但在妈妈的再三劝说下还是勉强喜欢它。因为我开始知道，这世上有很多心仪的东西不会属于某些人，不在某些人的猎捕范围之内。我也只好装作可爱的样子，在转身离开橱窗的刹那间狠狠地告诉自己，长大后你一定要满足这双眼睛，这颗心。

03

然而，长大以后，我依然没有某种勇气和能力拥有那些近在咫尺却仿若隔世的东西。

我读大学时，有个女孩子写短信告诉我，她喜欢我，问我愿不愿意做她的男朋友。

坦白说，那时候我觉得她长得挺好看的，学习成绩也不错，确实是我喜欢的那种女孩类型。

我很想回短信告诉她，好啊，好啊！

但最后我还是没有勇气回复她，那几个字我写了几十遍，也删了几十次。

因为我知道在学校有很多人追求她，那些人长得比我帅气，读书比我认真，他们家里还比我有钱。我当然会觉得自己配不上她。

拒绝她的那个晚上，我躺在床上默默地流泪了，第一次为一个女孩子感到莫名地心痛。

04

有很多人曾说，只要我们拼尽全力去努力，也许以后就能配得上某个人，某个圈子。但我开始并不这么认为，因为虽然我们努力地爬上了新的高度，实质上却还是那个层次的低能儿。

有很多人会在我们还很小的时候摸着我们的脑袋说："某某某，你要加油啊，你以后一定能过上今天想要的生活！"

当然，如果你确实是一个铁骨铮铮，誓死不休的人，我想你也一定会咬牙切齿，默默努力。但多少年后的今天，我们真能通过努力找到曾经特别渴望或是现在比较痴恋的人吗？其实，大多数人会如我一般，喜欢但望而却步，追求却力不从心，靠近但遥不可及。

但所幸的是，我们并没有从此感到绝望，还相信会有希望，还愿意为之不懈努力，还会跃跃欲试。

比如，你对第一个深爱的人，一定坚持了很久很久，直到希望彻底破灭，但你会站在遥远的另一端祝他比以前过得更幸福。

再比如，对你的第一份工作，你一定干了好久好久，直到摇头叹息，但你会在离开那个岗位的瞬间感到如释重负。

有时候，你都相信自己可以抓住流浪的风，拍摄到逝去的云，那你就更相信自己可以等到某个人。就如同你总觉得他并未消失，认为自己还足够行。

饶雪漫在《左耳》里写道："我还是相信，星星会说话，石头会开花，穿过夏天的木栅栏和冬天的风雪之后，你终会抵达！"

是的，你就像那个静默在商店门口的雕塑，那天你擦亮皮鞋、穿上西装、打上领带，转过头，再向前迈出一步，走在路上。

这是别人见过的最美的瞬间，也是最好的自己。

因为你终于长大了，不会再轻易对某些人或是某些事感到绝望了。当你跨过层峦叠嶂，当你历经风雨沧桑，当你从失望或贫瘠的生活里慢慢地走了出来，你会看到希望从东方冉冉升起。

只要你足够美好，温暖总会如期而至

01

前不久，我在某个 APP 坚持更新了一个月的文章，但是并没有取得好的成绩，阅读我文章的人寥寥无几，个人主页也显得有些荒凉，这不禁让我感到有些难堪。经过再三思考，我决定发完最后一篇文章就走人，再也不用那款写作软件了。

但好玩的是，有时候生活还真能够给我们带来"有心栽花花不开，无心插柳柳成荫"的感觉。当我们决定放弃或者认为自己已经败北时，剧情却突然有所反转，那样一个人或者一件事会开始朝着我们期待的方向款款走来，带给我们意想不到的惊喜。

某次，无意间打开那个被我遗弃好久的 APP，竟发现自己发表在上面的最后一篇文章成了热点，被读者推荐了一百多万次，获得将近两百块钱的打赏费，文章下面还有数百条好评。我在那个 APP 里一夜成名。这令我激动不已，我顿时觉得信心百倍。

我把这个好消息告诉朋友。朋友说我真是太幸运了，叫我继续努力写下去，让这一次美好的惊喜延续下去。

惊喜总会给人带来安全感和满足感，能激发一个人的斗志，锻造一个人的品格，等等。这都很有可能影响一个人的一生。

和我一起长大的朋友冬生失业了，他在微信上问我有没有两百块钱借给他买一件羽绒服。

我说："有，你等会儿。"

正准备给他转账，他却发来一条消息："你不用借钱给我了，我刚才从旧衣服的口袋里竟摸出了几百块钱。唉，真是越长大越糊涂了，我都忘了自己还藏有救命钱。"

在这段话后面，他配上了一连串坏笑的表情。

看着冬生发在手机屏幕上的话，我的鼻子一酸，情不自禁地流下了眼泪。

02

小的时候，我家里特别穷，妈妈几乎不会给我零用钱。每次看见小伙伴拿着硬币在街边的小摊前挤来挤去时，我都忍不住流口水。

每当这时候，冬生就会走到我身旁，他一把拉起我的手把我带到小摊前。冬生说："鸡架子（我的外号），爷请你！"

我说："你都没有爸爸，哪有钱？"

冬生说："爷有的是钱！"说完，他就从摆小摊的阿姨那里扯来两根辣条往我嘴里塞。

我当然很乐意吃这个东西。但我又害怕他骗我，就一边嚼着辣条，一边对冬生说："喂，你真有钱吗？"

冬生看着我笑了笑，然后把手插进裤兜里，摸来摸去，好像把钱弄丢了一样。

我吓得小心脏跳个不停，再也不敢嚼剩下的辣条，只是睁圆了眼睛看着冬生。

就在我感到很绝望时，冬生突然从口袋里掏出两枚一毛钱的硬币，然后朝我晃了晃手，问："鸡架子，你还不相信爷吗？"

我看了看冬生，又看了看小摊前的阿姨，忍不住大笑起来。

冬生拍了拍我的肩膀说："鸡架子，爷就是你的惊喜！"

后来，每当我觉得自己穷得连饭都吃不起时，我会想起冬生。也想像他一样摸摸旧衣服的口袋就会有意外收获，然后熬过惨淡的一天。

事实上，我已经熬过了无数个穷困潦倒的日子。生命中总会遇到一些能够为我创造惊喜，带给我温暖和感动的人和事。就像几米说的那样，我总是在最深的绝望里，遇见最美的惊喜。

这些由某些人和某些事所带来的惊喜，成为我们生命长河的一条重要的支流，滋养并支撑着我们的成长。

03

朋友大柯失恋以后，总向我抱怨，说再也不相信什么爱情了，再也不会对一个人好、为她制造惊喜、营造浪漫的环境了。

他说："干这些事，一点也不值得。"

我突然发现他变得好陌生。就是因为一段感情的失利，就去否定自己曾经的努力和伟大的爱情，这样的自己难道就值得另一个人相信、托付终身吗？

我们总说，你曾经爱一个人有多用心用力，未来也就一定有人爱你不计代价，掏心掏肺。你曾经为一段感情付出了多少心血，将来一定会有爱情回馈你更多惊喜和感动。

在我们的生命中，总有人撒手离开，也总有人突然到来。我们一直以为没有机会再遇见或是靠近那样一个人，可是多少年后，我们竟然会在类似的地方和差不多的人牵手走在一起。我们用心等待爱情，勇敢追逐幸福的样子，本身就能够创造一个又一个美妙的惊喜。

比如，今天我们新添加了一个微信好友，我们对他感到好奇，想看看他的朋友圈。打开他的朋友圈一看，结果看到了另一个自己。

他长得可帅啦，他发的朋友圈很符合自己的胃口，和他聊天时总能聊到一起。

我们把这样一种莫名的感动看成一份礼物寄存在自己身上，激起内心的波澜。

漫画作者熊顿说，你是我这一生中，只会遇见一次的惊喜，好像上帝派来的天使，在我心里留下了一颗欢乐的种子。现在它已经发芽了。

所以，无论你遇到什么人，能不能做永远的朋友；无论你漂泊到哪座城市，能不能拥有一套属于自己的房子；无论你考了多少分，能不能被心仪的单位录取；无论你选择什么样的方式恋爱，能不能白头偕老，其实你都不用太担心，也不必太慌张，你遇到的那个人，路过的那座城，做过的那些事，一定会在不久的将来带给你出乎意料的惊喜。

你要永远记得，只要你足够美好，上天绝不会把你遗忘，她会送你无限多的珍贵礼物。

没有谁的生活是容易的，成年人都在负重前行

01

在我还是学生的时候，我总以为那些读过很多书的农家孩子一定能在城市里混得相当出色。觉得他们不但有钱，人脉资源也一定很多。如果哪天我有什么事情需要他们帮忙，他们肯定会立马帮我轻松地解决所有困难，因为在我的潜意识里，他们已经是个"大人物"了。

我身边的爸爸妈妈，叔叔阿姨，乃至所有的村里人都认为，那些读过很多书，并且生活在大城市里的人都是无所不能、无所不有的。

我有一个表叔，在我们县医院上班，因为病人不多，工作比较清闲，自然工资待遇也不怎么高。他明明生活举步维艰，但那些没有读过什么书，单靠卖苦力维持生计的人，对他却羡慕不已。

他们把表叔当神一样看待，一旦身体出了点问题，就要求表叔帮忙找更好的医生看病或是行个方便，省些钱也省点时间。

刚开始的时候表叔很热情，只要有人找上门来，他都会尽自己最大的力量帮助他们。直到某一天，有一位朋友找到他，想让他帮忙联系院长办点事。这让表叔感到为难，不知道该怎么拒绝那位朋友。

因为表叔心里明白，自己只是一个小医生，在医院也只是个普通职员，很少和院长说话，甚至同小领导都没有什么交际，他在自己所处的圈子里实在是人微言轻。

可又有什么办法呢？别人找他帮忙，若是拒绝了，怕是连朋友都做不成。于是，表叔只好勉为其难地答应了。

当然，表叔并没有直接找院长。说实话，他也没有那个勇气。他只好找比他层次稍微高一点的人帮忙。然后，那个人又请求别人，通过层层关系找到院长。可是这样的关系已经变得很淡，起不到什么作用了。

现实生活中，有很多人总以为你所处的圈子或是环境既伟大，又漂亮，让人津津乐道，令人向往不已。

但事实并非如此，你生活在里面其实挺压抑，也很愁闷。如果别人找你帮点小忙，也许你可以尽力而为，但若是找你帮大忙，你却会感到形单影只，身心疲惫。

生而为人，没有谁比你更了解自己的痛苦。你是什么样的人？做着什么样的事？处于什么样的状态？别人不会理解你，也不可能会设身处地地为你着想。

只要他认为你比他读的书多，赚的钱多，认识的人多，做的事更加光鲜亮丽，他就会找到你，认定你，要你帮忙解决问题。而你自己身上的痛苦或是难处，却很少有人真正关心。

即使有天你按捺不住情绪把自己的痛苦向这个世界和盘托出，还是有很多人会抱着怀疑的心态问你：

这些都是真的吗？

但我还是不敢相信！

我只知道你很厉害，让人羡慕！

02

前不久，在广州工作的弟弟和我在微信上说："哥，我这辈子可能娶不起媳妇了，因为我的工资实在太低了，一年存不了多少钱，爸妈又没有能力帮我，我该怎么办啊？"

如果是几年前弟弟这样跟我抱怨，我肯定会先骂他一顿，然后再对他说很多好听的或是鼓励的话，拼了命地给他灌输心灵鸡汤。

但是现在的我却能理解弟弟说话的心情和所处的现状了。

弟弟没有读高中，17岁时就被姨父从老家带到惠州市的一家钢铁厂打工，干的活是搬运和裁剪钢料。虽然每个月的工资在4k左右，但每天得工作十多个小时，下班后就住在集体宿舍里。

当时正是夏天，宿舍里只有一台电扇，他时常半夜被热醒，再加上厂里的伙食不是很好，吃的也差，所以他的身子骨不动就出点毛病，需要看病吃药。那时我又在读大学，他每个月还会寄点钱给我，再扣除其他日常开销，自然一年下来他也存不了多少钱。

每逢过春节我们回到家，村里人就会对我妈说："你两个儿子很有出息啊，一个在外地打工赚钱，一个在大学读书兼职，马上就可以出人头地了。"

他们很羡慕我们的生活，以为我们家经济挺宽裕，一些亲戚便隔三岔五地跑来借钱。但只有我们自己心里最清楚，生活还是很艰辛，别人家过年都很奢华，只有我家什么东西都挑便宜的买，一个好菜得留着多吃几顿饭，哪里还有什么多余的钱借给别人？

不借钱给亲戚，他就说我们小气，我们又不能多说什么，自然也就和亲戚的关系闹得很僵。

从那时候起，我发现生活远远不像别人想的那样简单。别人只知道你能赚多少，却不会看你付出多少，更不可能替你考虑未来。你所有经历过的苦只有自己懂，只能自己往肚子里咽。

2013年，弟弟问我，他能不能继续读书，也许多读点书就可以找到更好的工作，多赚一点钱。

我同意了，并说服了爸妈。

弟弟在我好友的帮助下离开惠州，去广州某技术学院读了书。现在一直留在广州某服装公司做采购员，工作虽然体面轻松，工资也高了一些，但他还是每年攒不了多少钱。

一个人在大城市里生活，即使月薪有5k，每个月扣除房租和水电费800元，生活和交际费1200元，还有其他费用500元，一个月能存2500元，一年也就有2.5万存款。但是过春节回一趟家，走亲戚，给贺礼，和朋友玩，至少得花费5000元，最多能存下2万。

如果5年的工资待遇不变，即使微微上调，但工资上涨的同时，物价也跟着上涨，货币贬值。所以，得花5年的时间才能够攒下10万块。

如果拿这些钱在我们老家娶媳妇，恐怕是远远不够的。礼金至少10万，金银首饰至少2万，若要求买辆车那得花10～15万，如果再要求在县城拥有一套90平方的房子，每平方按5000元来算，起码得花45万，再加装修费用10万＋，等等。

很多年轻人，如果不靠父母的赞助，单凭自己的微薄工资成家立业，是很难的。

03

不知道你有没有这种感受：以前你以为只要拼尽全力进入某个圈子或是某个阶层，就可以改变命运，过上舒舒服服的日子，但后来的你并没有为此感到兴奋，反而会越来越焦虑不安。

当自己进入了某个圈子，爬上了某个阶层时，其实自己又处于那个圈子或是那个阶层的最底端。

你还是要不停地加班熬夜，不断地努力向上。你得继续省吃俭用，小心翼翼，受苦受累。

当然，种种残酷的现实还是磨灭不了你一颗积极乐观，永不服输的心。而人生的种种经历和过程恰恰验证了这样一句话：活着的意义并不在于堆积财富，而是在于堆积价值。

爬上了一个高度，到达了一种境界，只是为了活出最好的自己。

每个人的成功，都来自于孜孜不倦的努力和奔跑；每个人的幸福，都来自平凡的奋斗和坚持。

只要你愿意，总有一天你会活成自己喜欢的样子。当生活很艰难，你想要放弃的时候，别忘了这个世界上还有比你更加艰辛的人。

生活到处都是起起落落，如果不是从低处往上爬，那站在高处也就失去了意义。

没有谁的生活是容易的，成年人都在负重前行。

你想要的人生答案，其实一直在路上

01

看到越来越多的朋友收拾行囊准备离开这座城市，而我也将要同这个城市告别时，内心实在是无比落寞和惆怅。

我在这座城市待了八年，从一个稚嫩的少年慢慢变成了一位不知心归何处的青年，虽然年纪还不算大，但此时此刻的心境却好像天边的斜阳一般，正在慢慢淡去光辉，退回原地。

一个人的成熟和世故，把生活看得太明白，把日子过得很谨慎，真的与年龄没有太大的关系，与经历倒是关系密切。

如果几年前大学毕业，我没有继续读书，而是从此踏入社会，我想我一定不会为了在家乡谋一份安稳的工作而离开大城市。

那时候，我始终相信大城市里到处都有梦想，只要每个人踮起脚来，稍微努力一把，一切皆有可能。我们可以像诸多前辈们一样，靠读书改变命运，靠知识融入一座城市。

那时候，我也不喜欢大学一毕业便回到家乡，过着一眼就能看穿未来的人生。

我情愿在大城市里换无数份工作，搬无数次家，跌倒无数次，落泪无数回，哪怕是如小丑一般游走在城市的边沿，受尽各种冷眼与嘲笑，灰头土脸，一无所有，我也喜欢那种为了改变卑微的命运和穷困的生活而不惧现在，也不畏将来，活得充实的自己。

02

看着城市来来往往的人群和川流不息的车辆，我闭上眼睛就能感受得到整座城市的青春气息，塞上耳机也能听到风吹动发丝的声音。

在人声鼎沸的季节里，在错过了却还能重新出发的路口，大城市总能在夜幕降临的时候给予孤独、迷茫、疲倦的我足够多的安慰和鼓励。

明明知道有一种压力叫留在大城市。工资可能只有五六千，扣除房租、生活费、水电费、人情交往费，等等，每个月即使要把日子过得艰苦朴素，一年也只能攒到两三万块钱，但仍愿意花上几年时间在这里试一试，闯一闯。

别人劝你别傻了，你反倒骂别人没有梦想。你在人前装作功成名就，在人后却活得狼狈不堪，但你还是不愿听从父母的安排，不想回家，拒绝相亲，讨厌平凡。

即使你知道能够留在大城市的希望渺小，兜兜转转最后还是要回到故乡，你也不习惯在最好的年纪，也是最富有生命力及抗拒力的年纪同自己妥协，向现实屈服。

那时候，不管遇到什么艰难险阻，妖魔鬼怪，你也从不服输，永远斗志昂扬。因为年轻的你，热血的你，就是冲着未来的自己能够拥有这么一段死磕的人生经历而来。

那种过程虽然很痛，但回忆起来却会很爽；可能表面上失败透顶，骨子里却精彩纷呈。

03

几年以后，当你路过形形色色的人群，品尝了生活的各种酸甜苦辣，年纪也不小了，身边的烦恼开始接踵而至，有人问你会干什么，有人问你能赚多少，有人问你是否成功，有人问你是否结婚，有人问你活着是不是只是为了自己，等等。

在这么多现实的拷问下，你开始怀疑，慢慢动摇，会在利弊之间绞尽脑汁，盘算得失。

你还是终将失去那个义无反顾的自己，拥有了一副伤痕累累的躯体。

朋友小 K 自从三年前和女朋友分手之后，便拒绝认识新的姑娘。有几次别人给他介绍对象，他都婉言拒绝。

他说："到了我这个年纪，对爱情不再抱有任何想法，对生活已是随意而安，心中倒一直在乎自己和爸妈的身体会怎样，害怕有天遭遇天灾人祸，担心苦难不可抗拒……现在我只想安静的时候听听歌，吹吹风，有时弄弄花草，偶尔看看蓝天。"

记得读大学时，小 K 为了追到喜欢的姑娘，他什么苦都愿意吃，除了读好书之外，他一天还做好几份兼职，平时也省吃俭用，自己攒到钱后，就给姑娘买点礼物，剩下的都会寄到姑娘家里。那个姑娘的家境不是很好，她的母亲患有慢性病，常年要吃药打针。

有些人骂小 K 傻，明明为她付出了全部真心，换来的却是迟迟不肯接受；也有人讥讽小 K，说他也不掂量自己到底几斤几两，长得又矮又瘦，以为努力了，拼命了，给了她一些物质和感动，就能配得上她的聪明美丽，就能将她拥入温柔的怀里？真是痴人追梦；更有人对小 K 使坏，当着姑娘的面吐槽小 K 的缺点，诋毁小 K 的形象，扎破小 K 自行车的轮胎，等等。

但不管外界的评论有多糟糕，追她的路途有多艰辛，小 K 都毫不在乎，默默忍受。

他说："爱一个自己很爱的人，吃一点生活的苦又有什么关系呢？大不了撞的是南山，跳的是血海。我都认了！"

那时候，在小 K 的世界里，除了他和姑娘，再也容不下别人。

04

2015 年的最后一天，小 K 终于踏遍千山万水追到了姑娘。她答应做他的女朋友，两个人打算携手一生。

看到这里，也许你以为他们拥有了幸福，以为那样的爱情就像人间烟火，点亮了沉寂的天空，照亮了他们未来的路。然而，烟火易逝，热闹渐散，光亮陨落以后，天又是灰蒙蒙的，人们惊恐万分，混沌一片。

小 K 和姑娘恋爱不到半年，他们就在大学毕业典礼的前一个晚上分手了。姑娘给小 K 留了一张信条，大概意思是说：她不想再骗自己，也不想再骗小 K。虽然她知道小 K 对自己的爱是无私的，但她到底还是接纳不了他的爱。

因为她也一直无私地爱着一个人，既得不到，又放不下。以为可以尝试另一段感情，以为接受了一个很爱很爱自己的人，就不会再去想自己很爱的那个他了，以为有了新的开始，会收获另一种人生，但到头来她发现这只是自己的一厢情愿。

分手后，小 K 像是彻底变了一个人。曾经天不怕地不怕的他，现在什么都怕。怕找不到好的工作，怕赚不到足够多的钱，怕别人的闲言碎语，怕认识新的姑娘，怕涌入陌生的城市，怕挤进不同的人群……

尘世间，我们每经历一次流泪的人生，要么在痛苦中醒来，要么在悲观中昏睡，可能是长大，也可能是退化，可能是成熟，也可能是胆怯。

当然，这种痛苦或悲观带给我们最直观的感受，是日益渐增的孤独。每一个哭过或是快要哭的人，会戴上耳机听着自己情有独钟的歌曲，在拥挤的地铁里日日夜夜、一成不变地在不属于自己的城市里跟跟跄跄地生活着。

我们想过逃离，却又害怕逃离；我们想要坚持，却又不敢坚持；我们尝试放弃，却又不愿放手。

05

前两个月，得知朋友小艺考上了北京某机关的消息，我很是激动，连连发消息祝贺她。她说自己也很意外，曾经考了 5 次，失败了 5 次，这次终于考上了，真是太幸福了。她叫我暑假的时候可以去北京找她玩，她请我吃大餐。

可就在前天，我再次联系她时，她却说自己想要放弃那份工作，不打算去北京了，她害怕离爸妈太远。

小艺的爸妈年纪比较大，又只有她这么一个女儿，身体还不是很好，有一次两个人同时住院，把小艺累得心力交瘁。

她说："去北京的确是我的梦想，经过这么多年的努力也快要如愿以偿，可等我真正走进了这座城市，却又发现它好像并不是自己真正想要的，它突然从我的心中消失了。现在我倒是舍不得告别家乡，不忍心离开爸妈。他们都老了，我好像也开始在变老了。"

这些年，我听过许多人好不容易考进理想的单位，来到了喜欢的城市，遇到了不错的人儿，但没过多久，也就是在他们拥抱幸福之后，他们很快就想到了放弃。他们觉得曾经梦寐以求的东西，现在得到了也只不过如此，甚至跟其他东西比起来反而微不足道。

对很多人而言，也许活了大半辈子，操劳了前半生，也不知道自己到底喜欢什么，真正适合什么。很多时候，他们都在盲目前行，摇摇晃晃。

年轻时，我们想变成任何人，除了自己；长大后，我们只想拥吻自己，难以容下别人。这大概是因为，每经历一次不同的人生，我们既会幡然醒悟，明白许多事理，又会无所适从，丢失人生方向。

毕竟，那终点也是起点，那得到也是失去，那花开也是花落，那幸福也是悲伤。每一个人都在负重前行，每一个人都会身不由己，每一个人都会用力地寻找，每一个人都在无声地告别。

人生的裂痕，最后都会变成故事的花纹。尽管我们总是泪流满面，步步回头，可是只能往前走了，走到自己的内心深处，走出自己的海阔天空。

Chapter 6

那些无法放弃的人和事，
都是你活着的氧气

那些无法放弃的人和事，都是你活着的氧气

01

奶奶老了，腿脚不是很灵活，我们怕他摔倒，便没收了她的菜园，不允许她再下地种菜。

但是她又隔三岔五地趁着我们不在家，偷偷地溜进菜地里锄草、浇水、施肥、摘菜……忙得不亦乐乎。

有好几次，她被我们当场逮住。

我严厉地批评她："奶奶，你怎么不听话呢？万一摔跤了怎么办？"

她先是笑了笑，然后拍了拍身上的泥土说："不会的，奶奶还年轻，奶奶还可以多帮帮你们啦。"

"你看，你们也没有什么时间打理菜园。这园子里的菜啊都快被草吃掉了，我总不能坐在屋子里眼睁睁地看着菜园变成荒地吧！"

"奶奶还能动弹，还可以为你们多省几个钱。"

"可万一你摔倒了，被送进了医院，那对我们的损失更大啊！"站在一旁的伯父气呼呼地说。

"但是你们不能总把我关在家里，什么事都不让我干，什么地方也不让我去啊。我情愿有天突然摔死在地上，也不愿闲得死在床上！"

奶奶突然说话很大声，我们当场被她吓住了。

对奶奶而言，她这辈子做惯了事情，吃尽了苦头，生活的风风雨雨对她来说早已习以为常。她的活法就是不停地忙碌和操劳，直到终结。

如果你怕她有什么三长两短，没收她的农具，阻止她干活，提前让她下岗，她反而会觉得浑身不自在，隔三岔五闹情绪，结果落得一身毛病。

作为子女，我们不能完全剥夺父母的某些权利。有些事，他们为之奉献了大半生，很难放下；有些人，他们爱了一辈子，难以割舍。充分理解和尊重他们，在他们看得见的地方给予合适的引导和关爱，这才是最大的孝顺。

02

姥爷死后，姥姥时常在我们面前提及他。说到动容之处，她就会忍不住痛哭起来。

我说："姥姥，你别哭了。姥爷已经走了，你难过也无济于事，别哭坏了身体。"

姥姥说："傻孩子，姥姥就是放不下你的姥爷才会哭，如果哪天姥姥在谈到你的姥爷时，不再难过，那就说明你姥姥不爱你姥爷了。"

那时候，我并不懂姥姥的意思。总觉得姥姥心里放不下姥爷，是因为时间还没有治愈她。如果十年，二十年或是更长的时间过去了，她一定早已忘了他。

5年后，姥姥离世了。

出殡那天，我死死地搂着姥姥的棺木不肯放手，大人们试图用力拽开我，但是他们都失败了。

我很难过，舍不得姥姥，没有人能够拉得动我。

后来，我总是做梦梦见姥姥。她冲我笑，和我说话，对我很好。

我问我妈："妈，我什么时候才不会梦见姥姥啊？"

我妈回答我说："等时间久了，你自然会忘了她。"

可是七年过去了，我还是忍不住想起姥姥，想起有关于我和她的一切。

那些东西都似曾相识，历历在目。

爱一个人太久，你劝他放手，安慰他不哭，并且告诉他时间能够成为治愈伤痛的良药。现在，我有点不太相信这句话。

唯有曾经真正习惯了一个人，现在或是将来才难以忘记那个人。而且我们越长大，想念一个人的力量越明显、越深刻、越不能控制自己。

我们都会习惯爱一个人，并且在不知不觉中，他已经成为我们的氧气。

03

伯母被堂哥接到上海生活没一个月就跑回来了。

村里人都说她真傻，放着在大城市的好日子不过，偏偏喜欢在农村下地种田。

伯母解释说："哎呀，不是我不愿在大城市过好日子，只是那种好日子我真的过不惯。城里的规矩实在太多了，我得讲文明，讲卫生，不能随地吐痰，也不可以大声喧哗。这左邻右舍又互不认识，想串个门都不行，白天他们都去上班了，我一个人被困在家里就跟坐大牢似的。哎呀，实在拘谨、难受得要命。"

接着她又说："在农村虽然条件艰苦了一些，但是我生活久了呀，早已经习惯了村里的一草一木，一砖一瓦和风土人情。这里的一切都让我倍感亲切满足，自由快活。"

我想起电视剧《一又二分之一的夏天》里的某句台词：

"人的一辈子有多少习惯，习惯用同一个杯子喝水，习惯了吃同一种食物，习惯了睡觉前读同一类书，时间长了以后改掉就难了。"

是啊，有些习惯不是不愿放弃，只是无法放弃，那些东西好像是与生俱来的，我们改变不了它，一旦忘了就成了墓场。

尊重别人的生活方式，坚持自己的习惯信仰，也许才能活得淡定从容。

总有一个人要先走，你要学会放手

01

有次我特别想念一个许久没有联系的朋友，可是怎么也想不起他的名字，只好尝试在微信列表里寻找，翻着翻着竟突然发现，许久没有联系的人不只是他一个，生命中有太多的人沦为了陌生人。

终究我还是没有勇气再往下找，因为我害怕自己在他心里其实也没有那么重要。

在我们的一生中，会遇到很多人。起初我们会聊得甚欢，也都希望能够永远留在各自的生命中，相互依赖，一起进步。

但是聊着聊着慢慢感觉到，我们能说的话越来越少，少到最后只剩下诸如"你好！""在吗？""晚安！"等这样的问候语。

面对日益疏远的关系，一开始我们都会试着挽回，可越用力越无能为力，直到我们天各一方，成为最熟悉的陌生人。

15岁，我们刚念高中，相互认识；16岁，我们成为同桌，亲密无间；18岁，我们考上了不同的大学，各奔东西；20岁，我们有了新的生活，很少联系；25岁，听说你结婚了，但我不在你的邀请之列，形同陌路……

正如你曾经在朋友圈里说的一样：我们相互依靠，互相信赖的那几年说过太多的悄悄话，一起上课，一起逛街，一起打闹……

十年后，我希望可以成为你的伴郎，可以是你孩子的干爹，可以继续我们的友谊，有太多的话还是可以跟你说，也有太多的事还是想和你一起完成……

可是我们都没有逃脱成长的枷锁，想尝试，但一直没有主动，更没有尽力。我们的友谊还是没有抵得过时间的摧毁。

那时候，我们还不懂什么叫穷，还不懂人有等级之分，即使天要塌了下来，也从未觉得会是世界末日。从不因为自己家穷，觉得自卑，更不会爱慕虚荣，不追求穿漂亮的衣服、名牌的鞋子。但在那个陌生的城市里，我们的关系一直很好。因为我们都一样，年轻又坚强。

很多年以后，我依然很想联系上你，那个曾经形影不离的同学。可那时候，我们不知道，除了地址，要怎么去联系上另外一个人。时过境迁，我们不知早已换了几座城市，更改过多少个地址。

当我发现很多朋友都联系不上的时候，我真的很难过，无奈而又心酸。

从小到大，兜兜转转，到过太多的环境，遇到过太多的人，从素不相识到陌路相逢，再到分道扬镳，竟有那么多人。

他们在我们的生命中虽然像过客一样，却又会让我们在某个时间，某个地点，突然间想起他们其中的某一个人，想联系却又不知道说什么。

其实并不是你真的忘了他，也不是他不记得你，而是很多时候，你们都在等着对方的想起。于是错过了那样一段本不该错过的岁月。

02

我一直特别怀念小时候的生活，虽然那时候家里穷，吃穿都很简单，但是因为有爸妈，有爷爷和奶奶在身边，会觉得很温暖。

逢年过节时，姨娘们都会领着表弟表妹来家里做客。

我们一起吃饭，一起唠嗑，一起打牌。一家人团团圆圆和和睦睦地相处着，特别热闹。

十年后，爷爷和奶奶因为疾病相继离开人世，姨娘和表弟表妹们便很少来家里做客了。即使某天来了，他们也只是在家里吃一顿便饭，很快就会离开。

以前我们走亲戚时总会带很多衣物，总想在亲戚家多住几晚；后来生活节奏加快了，我们都习惯了住自己的房子，就不再愿意和亲戚住在一起了。

当初喜欢跟在我们屁股后面吵吵闹闹的小弟小妹，现在很少联系了，不知道他们变成了什么样子，也不知道他们过着怎样的生活，我想那些儿时一起玩的游戏，大概我们都不记得了。

忘了有多久没有联系，那些亲戚虽然生活在我们的朋友圈里，但是和别人没有多少区别，只是偶尔相互点赞或是在突然需要的时候才会想起。

我们的关系，看起来近在咫尺，实际上遥不可及。

用一句流行的话说，世间没有永恒，有的只是成千上万个门口，总有一个人要先走。

03

一位来自长沙的朋友在我的微信公众号后台讲了她的故事：

今天，我试着一个人站在马路上，抬头看着一朵朵樱花从我头顶上飘落，这时候，我的内心像被掏空一般，没有任何依靠。

我是一个孤儿，从小没有父母，只身一人在外地漂泊二十多年。曾经谈过一场恋爱，以为他很爱我，以为某天我会和他结婚，一起拥有一个温暖的家。可是前年春天，他还是放弃我了。

今天，我得知他和另外一个女孩订婚了，突然特别想哭。

还记得那年那日他向我表白时，武大的樱花开得格外艳丽。他把我带到樱花大道，说是要送我一个礼物。很快，他从地上捡起一朵樱花，然后帮我戴在头上。

他问我可不可以做他的女朋友。面对这个喜欢了很久的男生，我当然按捺不住自己的情绪，还没等他伸出手来抱我，我就直接扑到他的怀里。

那年那日，我的世界真的很美。大片大片的樱花，从昏黄的天空中纷纷扬扬地飘落下来，轻轻地吻着我的脸颊，慢慢地滑进我的衣领，给我干瘪已久的日子带来了一缕缕春的柔情。

我们在那个人声鼎沸的季节里肆无忌惮地奔跑着、戏闹着、狂欢着……

那时候我以为，喜欢就是永远，相爱就能白头。

可是多少年以后我才发现，我们只有曾经，没有永远。

他不爱我了，也没有再联系过我。我便离开了那座城市。我在几百个日日夜夜里想过彻彻底底地忘了他，但我还是控制不住自己，在今天我突然好想他。

我回到了武大，这里的樱花又盛开了，和那年一样，有许多情侣在这里约定厮守终生。

那时候，我们也是两个人。而如今，只剩我一人。

世界上没有不腐烂的花，也没有永远的爱情，我们都是会变的，总有一个人要先走。我们只不过是季节里的匆匆过客。

正如某年春天，天很蓝，风很轻，阳光如斯温暖。我遇见了你，以为会是一生。可是后来啊，你喜欢上了别人，不再和我联系，我会感到有点不安，当然也很快会被时间治愈。

像另一位网友说的那样：我们已经许久没有联系，我换了新钱包，可是我还是没有狠下心丢掉你送的钱包，尽管它已经破旧不堪。

我删掉了一切和你的联系方式，但是只有我自己知道，只要我想，我还是能够找到你，只是不想或者说是不敢罢了。

你应该过得很好吧，最起码也要比我好才对。现在这样对我来说应该是最好的结果了，你可能会难过，也许不会，谁知道呢。

原谅我不再联系你了，我只是不想一直做无用的事，晚安！

对的人，永远活在各自的生命中

01

小时候，爸爸和妈妈经常吵架。每次吵完架，妈妈就会哭着问我："如果我和你爸离婚了，你会跟谁？"

我回答她："当然跟你啊。"

这时候，站在一旁的爸爸就不高兴了，他会睁圆了眼睛说："她连自己都养不活，哪有什么本事照顾你啊！"

妈妈患有先天性高度近视眼，行动不太方便，又没念过什么书，所以一直找不到工作，只能在家里干点农活。

爸爸虽然在村里开拖拉机，但是生意不是很好，工资还得在年底和东家结算。

那时候，我们的日子过得很清贫。爸爸和妈妈时常会因为生计，还有我和弟弟读书需要钱闹矛盾。

曾经我一直怀疑爸爸和妈妈是没有感情的，他们之所以隔三岔五地闹离婚，但又不分开，是因为舍不得我和弟弟。

可是后来发生的一些事情改变了我的这个想法。让我慢慢明白：爸爸和妈妈多多少少还是有爱情的，虽然没有年轻时那样轰轰烈烈，但至少他们还会彼此在乎，甚至有些时候还表现得相当默契。

02

有一次，妈妈病重了，被送去医院抢救。在路上，我看见爸爸一直紧紧地握住妈妈的手，嘴里不停地喊着妈妈的名字。

爸爸叫我和弟弟都别害怕，不许哭。可是妈妈被推进抢救室的那一刻，他却"扑通"一声跪在地上嗷嗷地大哭起来。

那是我第一次看到爸爸为妈妈流泪，有一种说不清又道不明的感觉。

妈妈醒来时，爸爸又像疯了一般，他跑到外面的小餐馆买了我们最喜欢但平时又舍不得吃的菜。可那次爸爸没有吃，他只吃了两碗白米饭，他说要留给妈妈吃。

还有一次，妈妈和爸爸吵完架，把我拉进房里叫我帮她写一份离婚协议书。我写完后，妈妈要我交给爸爸看看，问他同意不同意。

晚上，我把离婚协议书交到爸爸手上时，他却狠狠地瞪了我一眼，然后指着我的鼻子骂道："臭小子，你长本事了？大人们的事轮不到你瞎掺和！"

说完，他便气鼓鼓地把离婚协议书撕得粉碎。然后点燃了一根香烟，靠在墙角，嘴里嘀咕道："老子才不要离婚呢！离了婚，你们吃个屁！"

03

我和女朋友分手后，妈妈得知此事，专门打电话责骂我，我就在电话里顶撞她，她被我气哭了。然后站在妈妈旁边的爸爸接过电话，他说："臭小子，你吃了熊心豹子胆吧？连我的老婆你都敢惹，小心老子对你不客气！"

接着，爸爸第一次对命令式的口吻以我说："臭小子，你妈说的对。男孩子处个对象多不容易啊，你怎么能轻易把人家给甩了呢？还不经过我们的同意，不想活了是吧？快给你妈道歉！"我只好在电话里向妈妈道歉。

后来，爸爸和妈妈经常保持统一战线对付我和弟弟。他们管我们读书，管我们工作，管我们生活，还管我们恋爱……

昔日隔三岔五就会吵吵闹闹的父母，好像在经历过生活的烦恼和人生的苦闷以后读懂了各自的内心，能够在同一个时间或者是同一个地方融合在一起，用牢靠的亲情关系滋养着他们认为最重要的东西。

04

记得有人说过，再恩爱的夫妻，一生中都有一百次想要离婚的念头和五百次想要掐死对方的冲动。

但是，当他垂垂老矣，看着身边陪伴他度过风风雨雨、走过大半生的那个人，他大概又会庆幸没有跟她分手，没有和她离婚，没有掐死她。

人这一生，遇到爱，遇到性，其实都不难。最难的是，有一个人愿意把自己的时间分你一半，然后和你共同度过。

所以，爱是一场长久的拉锯战，难免会流血流泪，身负重伤。而在这场战役中，最难能可贵的就是，有一个人能够始终在你最危难的时刻帮你一把，为你挺身而出，给你挡子弹，替你负伤，甚至为你作出牺牲。

爸爸和妈妈本不是一体，他们只是因为曾经彼此相互吸引而走在一起，他们组成一支队伍，虽然不能解决这世上的所有问题，比如生老病死，天灾或人祸，但是他们却能抱团取暖，并且为共同的家付出爱和责任。

只要他们拉着彼此的手慢慢地走在路上，就能描绘出一幅气吞山河的景象，就会迸发出一股震撼人心的力量。

有人说，爸爸妈妈们其实没有多少爱情，他们之所以还能好好地生活在一起，战斗在一起，是因为他们成了彼此的亲人，正在被强大的亲情控制着。

但是，要我说，爱情的最高境界便是像爸爸妈妈们一样，虽然后来的生活中逐渐少了火红的玫瑰，多了激烈的争吵，可是不管怎样，他们都没有走散，依然并肩出发，一起抵御一切外敌。就算未来有一天，其中一个人与世长辞，另外一个人也会默默地坚守他们共同营造的小家。

无论是曾经的爱情，还是现在的亲情，其实都是每个人的自我感觉。当你感觉那是爱情时，它便是爱情；当你发觉它是亲情时，那便是亲情。

只要是对的人，不管是爱情也好，亲情也罢，他们都永远活在各自的生命当中，不曾离去，不再消失，不会走远。

你怀念和他天长地久，不如好好珍惜现在拥有

01

几年前，我认识一位大哥，他在县医院工作。那时候，我还在上大学。

每次和他聊天，我都会流露出羡慕的神情，特别希望我们能互换一下角色，让他读大学，我则坐在他的位置。这样我就有了一份稳定并且光鲜亮丽的工作，没有多少压力，薪资水平又还不错，能在县城扎根下来。想想就觉得心里美滋滋的，十分痛快。

我想大学毕业以后，自己能成为像大哥一样的人物。因为我觉得他很成功。

但是大哥却时常当着我的面苦笑，告诉我，不要成为像他一样的人，否则会感到失败。他希望我能够多读点书，好好珍惜读大学的时光，晚一点踏入社会。

那时候，我并不理解他的意思，不明白他为什么不希望我长大、毕业、工作、成家，和他一样。

作为一名穷人家的孩子，我的内心渴望快点长大独立，早点工作赚钱，以此来减轻爸妈的压力，自己也可以过得独立自在。

当时我刚好20岁出头，正处于一个比较渴望独立、想要证明自己的年纪。所以，我不太喜欢别人说我还小就应该多读点书，或者是羡慕我很年轻不像他们一样为了工作和生计忙得焦头烂额。

在他们眼中，我们这个年龄的人应该老老实实地待在学校里享受生活，因为一旦毕业融入社会以后，就意味着不再年轻，不再自由快活。

比我们年长几岁的人，羡慕我们还在学校里读书，可以活得天真无邪。但是，还在学校里读书的我们，又何尝不羡慕他们已经成家立业，生活独立呢？

几年以后，当我工作后融入社会，体验到了生活中的酸甜苦辣后，我才渐渐发觉，原来当时大哥对我说的话真的是发自肺腑并且挺有道理的。只是那时我不懂得珍惜当下的生活。

对于每个人来说，生活教会我们的也许不是如何珍惜和把握现在，而是如何怀念曾经，如何通过别人现在的样子看到自己过去的影子，然后站在原地羡慕别人。

我们着实都不太懂得，也很难学会珍惜眼前的人和事。就好像每个人天生都看不到自己身上的优点和长处一样，总以为别人现在所拥有的东西就是最好的。实际上，我们现在所经历的人生，拥有的东西才是最好的，更是独一无二的。

02

最近，朋友小曾遇见一件烦心事，他爸妈要他赶快和现在的女朋友结婚，可是小曾不太喜欢这位在去年年底相亲认识的女友。

他说，现任虽然很优秀，人也长得挺漂亮，对他也不错，但就是太善良了，上次她一个人逛街竟然被假装乞丐的人骗了几百块钱，而且以前也经常因为自己太过善良吃亏。

朋友小曾问我，她是不是有点傻啊？

我听后忍不住笑了起来，然后问他："你怎么能认为自己的女朋友傻呢？难道内心善良是傻而不是一种优点吗？我可听说，以前追你女朋友的人挺多的，他们都喜欢她身上的那股傻劲。"

在我反问之下，小曾道出了实情，原来他不是不喜欢现任的善良，而是还放不下前任，一看到现任过于善良的样子就会忍不住想起前任。

他的前任以前也很善良，但是那时候的他并不懂得珍惜前任的那份善良，使得前任实在无法忍受他要求自己为他改变而最终离他而去。

按道理来讲，有过一次这种情感经历的小曾应该会吸取教训，懂得珍惜现在的感情，会把现任身上的善良看得更加弥足珍贵。但他偏偏又重蹈覆辙，喜欢拿过去和现在对比，结果在现任的身上看到了前任的影子，不但害怕接受，更不敢深爱。

爱情不能比较，感情不能衡量。缘分来之不易，能够拥有，即是幸福。幸福就是珍惜拥有的一切，珍惜现在爱你的人，珍惜现在你爱的人。

03

曾经在朋友圈看到某个网友写过这么一段话，她说：

很多事情总是来不及，就像我懂你的时候你老了，我想你的时候你走了，我在乎你的时候你忘记了。

只是好在最后我都明白了，所以现在无论是父母爱人还是朋友，只要还在一起的时候我都会告诉自己要把握现在，珍惜每一天，在来不及之前说，我懂你，我想你，我在乎你。

世界上最难能可贵的是，珍惜现在所拥有的一切，有些人已经成为过去，就让它埋在心里；有些事情还没有发生，就努力做好现在的自己。

我们不应该总是在一种生活里向往另一种生活，否则就会错过现在的生活，更会失去向往的生活。

与其怀念天长地久，不如珍惜现在拥有；与其念念不忘，不妨好好珍惜时光。你和现在一切都是最好的！

就算后来他离开了你，你也可以过得很好

前不久，我的室友宝哥在晚上发了一条朋友圈，他说："梦想没了，人没了，朋友没了，天塌了。"刷到这条朋友圈时，我和另外两个室友都吓坏了。

我们跑出寝室去找他，但没有找到。鱼仔就建议在寝室再等等，然后给他发消息："寝室的门会开着，记得早点回来。"

宝哥没有回复。直到凌晨一点钟，他才慢慢地推开门，踉踉跄跄地走了进来，身上散发出一股浓浓的酒味。我们问他怎么了，他没有说话，一屁股栽倒在椅子上。

我问他："哥，你到底怎么了？"

他说："没事。"

我说："那你还不早点上床休息。"

他说："嗯，你先睡吧。"

那个晚上，我哪里睡得着啊。宝哥趴在桌子上时不时地小声哭泣，当然，他的微信也不断地传来提示音。

我打开手机在微信上发了一条朋友圈："看到室友那么难过，但

我却无能为力，我很伤心。"

动态没发多久，我的一些朋友在底下留言说，大概是失恋了吧。

但我不相信一个男生失恋了会如此伤心，我回复朋友说，应该不是吧。

第二天，我一个人提前回到寝室时，看到宝哥坐在床上一动不动，他的脸色有些发白，眼睛哭得血红。我问他："哥，你到底怎么了？"

这下宝哥终于开口和我说话了，他说他失恋了。

我有些吃惊。然后安慰他说："失恋就失恋了呗，没什么大不了，下次再换一个。"

宝哥说："你不懂。"

我有些疑惑，再次问他："你真失恋了？"

宝哥点了点头。不一会儿又哭出了声，他哭得肩膀一抖一抖，我的心脏也开始一抽一抽得厉害。

那天，我才知道宝哥有过这样一段刻骨铭心的爱情。

02

宝哥是个孤儿，他出生在贵州，是布依族。六年前，他终于考上了齐齐哈尔医学院，大妈和村里人供他读书。

因为自己的不幸遭遇，从小他就自闭自卑，但读书很认真刻苦，每个学期都能拿到奖学金，很快就引起了别人的注意。

读大二那年，有个叫珍妹的女生告诉宝哥说，她喜欢宝哥这种不太爱说话却很认真做事的男生，她愿意一辈子留在宝哥身边。

宝哥很感动，便尝试和珍妹接触。

和大多情侣一样，他们一起看书吃饭，一起散步逛街，一起躺在草地上看月亮数星星。

宝哥说，自从珍妹成为他的女朋友后，他有了很大的改变，他会开始和别人说话，会主动帮助别人，还会对旁人微笑。更值得珍妹欣慰的是，宝哥还会隔三岔五地给珍妹挑选礼物，都是一些比较精致新颖的东西。

寒暑假时，宝哥就会去哈尔滨找工作。只要能赚钱的，宝哥都会干。每领完一份工资，宝哥就会把钱存起来。宝哥说，这些钱是他的生命。他要靠这些钱读书，给珍妹买礼物，和珍妹结婚。

宝哥说，他这辈子最大的梦想就是拼尽全力地读书，虽然他不想成为一名骨外科医生，但听说这份职业可以赚更多的钱后，他还是义无反顾地在后来申请了江中大针对少数民族的硕士研究生强化班，专修中医骨伤学。

珍妹给过他温暖和希望，他要加倍给珍妹爱和幸福。他要让珍妹成为最美的新娘，让她开得起车，买得起化妆品，能住得起好房子。

2015年，宝哥要离开齐齐哈尔医学院去南昌读强化班。临行前，宝哥拉着珍妹的手，深情款款地说："等我回来。"

珍妹看了看宝哥，说："好。"

如果说宝哥对珍妹的爱可以用公路里程来衡量，那就是南昌到齐齐哈尔的距离，2869千米。

宝哥在江中大读强化班的第一年，他三次搭乘朋友的车去齐齐哈尔找珍妹，来回耗时222个小时。

可当宝哥最后一次在齐齐哈尔见到珍妹时，他却发现珍妹和从前判若两人。珍妹开始抽烟酗酒，还会赌博，欠下好几万元的赌债。

宝哥问她为什么会这样。

珍妹不肯告诉他。

为了帮珍妹还债，宝哥在学校找了一份助教的工作，周末还会去市区发传单。

宝哥说，这个月他已经攒够了钱替珍妹还债。

国庆节前一天，宝哥本想带上那笔钱去齐齐哈尔找珍妹。但珍妹不要宝哥找她，她说自己去了哈尔滨，在一家房地产公司当售楼小姐，没有假期。

宝哥就答应下次与珍妹再见。

顾城说，你默默地转向一边，面向夜晚。夜的深处，是密密的灯盏。它们总在一起，我们总要再见。再见，为了再见。

03

10月9日傍晚，宝哥正准备和我们去食堂吃饭，珍妹却打来电话把宝哥支开了。

等我们回到寝室后，却一直没有见到宝哥。

直到第二天凌晨一点钟，我们才在宿舍看到喝得醉醺醺的宝哥走了进来。但他什么都不肯对我们说，只是一个人偷偷地哭。

我知道他哭了，但我不敢问他究竟发生了什么事。因为我知道当一个男人忍不住不停地哭泣时，那就意味着他足够悲伤。正如宝哥在朋友圈发的那条动态一样："梦想没了，人没了，朋友没了，天塌了。"

第二天中午，我刷朋友圈时看到宝哥又发了一条动态，他说："习惯了的习惯，有担心也有心酸。"

虽然我读不太懂，但我觉得他说得真好，就像悲伤划过河流。

回到寝室后，我终于按捺不住自己的情绪，下定决心和宝哥好好聊一次，哪怕他不愿理我。

当然，宝哥最终还是对我说了这么一个故事：

那天，他真的失恋了，珍妹提的分手，他在电话这头同意了。

宝哥说，他不想同意但他好像没有选择。因为他爱她，而爱一个人最好的方式就是成全她，让她重获新生。

曾经一直以来，珍妹真心爱着的那个人并不是宝哥，而是别人，是那家房地产公司老总的儿子，他是珍妹的前男友。他高中毕业后选择出国留学，他们就没再联系。

但珍妹的内心一直放不下那个男生。

在宝哥去江中大读强化班的第二个月，珍妹的母亲发现珍妹的父亲有外遇就离了婚。从此珍妹好像失去了理智一般，经常在酒吧和赌场出没。

那段日子，珍妹很难受，特别讨厌颓废的自己，但她又不愿意对宝哥讲，她觉得自从和宝哥分开两地后，就没有必要说这些东西，她不愿意相信宝哥会特意跑回遥远的齐齐哈尔陪在她身边。

直到后来有一天，珍妹在酒吧遇见前男友，并且得知他还单身。珍妹就像一个突然没了战斗力的姑娘，脑海里频频闪过前男友的样子，还有那些天前男友对她的各种好。这让珍妹有些动摇。

10月9日傍晚，珍妹终于鼓足勇气和宝哥打了那样一个电话。

珍妹说她并不是真心喜欢宝哥，只是很多时候会觉得宝哥的身世让人感动，禁不住想喜欢他，保护他，给他缺失了的爱。

但那并不是爱情，而是同情心泛滥。

宝哥当然懂，可他从不说，只把它放在心底，因为他知道自己是真真正正地喜欢珍妹，深入骨髓。

我问宝哥："讲完这些你好受点了吗？"

宝哥点了点头，说："憋在心里太苦了。"

我说："那去他妈的。"

宝哥说："对，去他妈的。"

最后，我们都笑了。

04

每个人都是自己的终点站，遇见谁，离开谁都由不得自己。你是曾想竭尽全力把她留在这趟车上，想牵着她的手一起到达同一个地方。但如果，那个你爱的却不爱你的人有天执意离开或是突然撒手远去，你又能怎样？

天天抱头痛哭吗？呵呵！

天天要死要活吗？呵呵！

你还不是要鼓足勇气继续坐在自己的位置上，等车开到自己的末站。

我们生活在这个世上，总有一个人会被自己当成生命的全部，唯一的精神支柱，如果有天它倒了，要从自己的世界抽身离开，我想没有什么能比失去它更让人觉得痛苦。

当然，这种痛苦也只是暂时的，因为伟大的时间会慢慢治愈我们的伤口，在隐约的痛处再长出新芽，让还在爱情路途上跋涉的我们足以相信，即使有天我们失去了一个很爱很爱的人，也还会在后来遇见一个很爱很爱我们的人。

　　失恋后，就痛痛快快大哭一场或是把那份爱情移交给时间吧！泪水和时间一定能够帮我们找到最好的自己，也会替我们保留那份虽已远去但仍让人觉得感动的爱情。

你无法忘记的感情，原来是你的一生

01

我在公众号写了几篇爱情故事后，有很多读者朋友向我分享他们的情感经历和感悟。其中有一个叫电竞娱乐的读者朋友，向我讲过他的故事，我听后感觉特别心酸，有一种想给他递上几扎啤酒的冲动，然后让他趴在我肩上痛痛快快地大哭一次。

尽管我和他都是男人，而且还是第一次聊天，但我总觉得我们似曾相识。

也对，爱情故事是我的，也是别人的。我们每读完一篇爱情故事就好像在孤独的夜里交了一次心。我说起的那些人，让别人想起了他们的故事。别人在我的故事里泪流满面，我在别人故事里情不自已。

电竞娱乐在我的文章《我还爱着你，活该我单身》里留言："暗恋一词似乎是从对她有记忆的那一刻开始便与我相伴，慢慢地我为了她拒绝认识其他异性朋友。说起来也简单，暗恋她用了8年，放弃她用了4年，忘记她用了2年，即便这样，前一些时间从朋友圈看到她的婚纱照还是默默地流泪了。"

我不知道他在说完这些发自内心的话后有没有释怀，但我敢保证他一定会比之前感到轻松一些。

因为，他终于能够亲眼看到这个世上有很多人其实和他一样过着不尽如人意的生活，尤其是在情感面前，好像爱一个人就是低到尘埃里，明明知道她没那么好，压根就不会爱上自己，却又忍不住把自己摆得很低。

可以为了那个人做很多以前不会做的事，听她喜欢的歌，看她喜欢的书，变成她喜欢的模样。到头来，那个人可能已经不喜欢水木年华，我们却不可救药地喜欢上了水木年华。

我特别赞同花希在娱乐脱口秀节目《奇葩说》里说过的一句话，得不到的永远在骚动，得到的永远骚不动。所以，在现实生活中会有千千万万个像电竞娱乐这样的网友，能够用14年的时间，甚至耗尽余生拼尽全力喜欢一个人。

在那样一条看不到尽头的爱情路上，的确会有很多折返的路人在碰见满身伤痕的他时劝他说，兄弟，你还是放手吧！你这样会很痛苦的。但他偏偏就是不听，在摇摇头后又咬紧牙关，迈开脚步向前走去。他以为只要凭着自己一颗勇猛的心就一定能够走到终点，看到爱情的曙光，就跟跑马拉松一样，只要身边还有一两个人在为自己呐喊助威，就必须努力坚持下来，哪怕是最后怦然倒下。

02

好像真正追求一个人时，我们的大脑会自动屏蔽那些阻扰自己去喜欢的言行。我们会在不知不觉中把那些好心劝自己放手的人当成反对者，认为他们说的每一句话都是扯淡，而把少部分鼓舞自己继续坚持下去的人当成圣人，觉得他们最了解自己。

但实质上，每个人在面对爱情时都是白痴、傻瓜。我们连自己都不知道是谁，也谈不上了解，就更不用指望少数人能够代表自己的心声。所以，要我说啊，当绝大多数人认为我们在追爱的过程中疲惫不堪、废寝忘食时，我们就应该好好反思一下，与其还这么没劲，没意思，也没希望地爱下去，继续追求下去，是不是应该选择放手？

哪怕放弃的过程费时费力，痛苦难堪，也要使出当初努力爱一个人的勇气。因为在我看来，爱情的本质应该是一件能够让我们感到快乐，让彼此成长，让未来充满惊喜，让自己的世界芳香四溢的事物。而不是身体的枷锁，心灵的包袱，光阴的慢性杀手。

所以，如果你现在还像网友电竞娱乐那样耗尽时间和力气爱一个人却没得到回应，我劝你还是放手好了。因为无论你为你喜欢的人付出多少，对方都会视而不见，假装不懂，不喜欢就是不喜欢。当然，你不必难过，很多事情经历后就会慢慢释怀，再加上时间的治愈。对她而言，被爱的人是幸福的，因为她不用体验追一个人的艰辛。

你不就是希望彼此都过得幸福吗？

03

前段时间，一位女孩加我微信，她问我能不能把我爸妈的联系方式给她，她自称是我弟弟的女朋友，想看看我爸妈的意思。我很纳闷，因为弟弟从来都没有跟我说过他有女朋友，当然我知道有个人很喜欢他。

我就告诉这位女孩，只要她是弟弟的女朋友，我敢保证我们不但不会反对，还会隔三岔五地叮嘱弟弟要好好疼爱她。

然后，这位女孩向我发了一连串可爱的表情，她说："谢谢你，哥！"

我说："不谢，我叫胡识。"

她说："哥，我叫娜娜姑娘。"

那天，我特别开心，还把娜娜姑娘拉进了家庭微信群，而且还在深夜在朋友圈发了一条动态，我说："朋友们，你们快看啊，我爸妈在群里撩未来媳妇呢。"很多朋友向我发来祝福，替我能有这么一位看起来挺不错的弟媳妇感到高兴。

第二天一大早，我接到了弟弟的电话，他要我把那条动态尽快删了，他说没有这事，他压根就不喜欢娜娜姑娘。但我不同意，因为我相信娜娜姑娘，尤其是她还在微信群当着我家人的面说她很爱很爱我弟，以后会对我爸妈好。光这点很多女孩子是做不到的，我觉得娜娜姑娘在那个晚上特别霸气，也很风光。

我看好娜娜姑娘，我爸妈也觉得她很不错。我们都想让她尽快和弟弟结为连理。

但是我们都错了。弟弟是不喜欢娜娜姑娘的，娜娜姑娘只是一厢情愿把自己当成弟弟的女朋友，可以为了弟弟嫁到千里之外，可以一次又一次忍受被弟弟拒绝的痛苦，可以披上铠甲为弟弟扫除障碍，可以假装坚强，让别人看不到内心的伤。

弟弟在微信群里强烈要求我把娜娜姑娘踢出去。可我不忍心，爸妈、阿姨、姨父，甚至我的小表弟、小表妹也不同意。我们都训斥弟弟，我们叫他可千万不要错过这么一位好姑娘。

弟弟见我们都舍不得娜娜姑娘离开，然后在群里说了一句，好，那我退群好了。

弟弟退出微信群大概只用了一秒钟的时间，他毫不迟疑。

我们都惊呆了。

第二天，老妈又把弟弟拉回微信群。老妈威胁弟弟，说："儿子，如果你不和娜娜结婚，要执意退群，我就死给你看！"

我本想给老妈点个大赞，可还没等我来得及把表情发送出去就收到弟弟的消息，他说，呵呵。然后，就退了群。

曾经有位叫丫头楠楠的朋友在我的日志里留言："恋了三年，表白三次，失败三次，但不会再有第四次了，因为他已经走了。"

我想我大概能够体会到那种踮高脚尖去喜欢一个人，却又不被喜欢的那个人喜欢的感觉。这种感觉应该就像马薇薇在《奇葩说》里说的那样，在爱一个人的过程中，有些人变成更强壮更智慧的自己，故而一念成佛，有些人变成更猥琐更不堪的自己，一念成魔。在爱的过程中，是佛是魔，历尽他给我的百劫千难，最后终于找到了我。

我发私信告诉娜娜姑娘，我叫她放弃，我不想看到她难堪的样子，更不想让她变成魔，明明知道爱一个不爱自己的人是万分痛苦的，却偏偏要独自把这份痛楚埋在心里。其实有些爱是不值得我们为它流干眼泪，替它忍受悲伤的。知道他不爱自己的时候，就应该走得决绝一点，趁早离开。

但娜娜姑娘告诉我，她做不到啊，就算打死她也放不下那份对我弟弟的爱。这份爱也许对别人而言感觉是痛心疾首，得尽快放手才好。但对她来说，比起直接放弃一个人所带来的伤害还不如继续这份单恋，佯装爱得很开心。

她说："哥，万一有天他喜欢我了呢？爱情还是得再坚持一会儿的！"

顿时，我哑口无言，却泪流满面。

04

后来，大概过了半个月吧，我看到弟弟回到微信群里，只是那位网名叫做"爱你一万年"的娜娜姑娘离开了。

直到今天，我也不知道娜娜姑娘退群的原因。但我相信，像她那样善良执着的美好姑娘一定能在历经千难万险之后，找到诗和远方。

娜娜姑娘在和我成为好友的那个晚上，她发的最后一条消息是："哥，他就是我的诗和远方！"

我回复她说："你和我弟是怎么认识的啊？说说你们的爱情故事呗！"

好像是过了好几天，她才告诉我他们是高中同学。娜娜姑娘在高一时就喜欢我弟弟，但弟弟却一直喜欢另一个姑娘。那个姑娘我认识，长得不怎么好看，喜欢在脸上涂很厚的胭脂水粉，说话时很大声，感觉人也没有娜娜姑娘温柔细腻。

那个姑娘曾告诉我们，等弟弟大学毕业了，她就和弟弟结婚。但在弟弟读大三时，她就成了别人的女朋友。

弟弟失恋后，娜娜姑娘辞掉在深圳的高薪工作，跑到广州找到弟弟。

她说："喂，没关系，以后我养你啊！"

弟弟抿着嘴笑了笑。

她说："乖，这就对了嘛！要像个爷们一样不怕死，死不怕！"

可弟弟一直没有说话。

我想，弟弟不喜欢娜娜姑娘是认真的。

"你要我为了你这棵树，破坏所有森林，可是你不愿意相信，你是我茫茫林海中精心挑选的那一颗。你要我为了你这滴水，淘干所有的海洋，可是你拒绝相信，你是我弱水三千里面，情有独钟的那一瓢。"当我听胡天语说完这句话后，我又鼓起勇气向娜娜姑娘发了三条一样的消息。

我说："我劝你还是放手好了！"

她说："谢谢！"

大概一分钟后，娜娜姑娘又发来一条消息，她说："其实，退群那天我就想好了。"

很早的时候，我们选择表白，以为会有开始，就像放弃了喜欢的人后还会遇见更好的人，以为那只是一段感情而已，可等到后来才明白，我们曾倾尽全力喜欢的那个人其实是一生。

如果现在你还孤身一人，请你相信他在未来等你

01

一路走来，一路拥有，也一路失去，我们一直在不停地和很多人、很多事道别。

从前经常去的那家饭店，如今关闭了；以前习惯在皮包里放一些现金，现在对金钱的概念只剩下手机里的数字……

开了几十年拖拉机的爸爸，有天把维持生计的家伙卖了；住惯了的那间瓦屋，后来被陌生人拆了；那所大学，现如今变成了一家附属医院；那个人，最后成了别人的妻子……

终于知道面对人生的拥有和失去，只有坚强和挺住。我们要用一颗勇敢的心去认真告别过去，迎接未来。

02

某个周末，我去了一趟图书批发市场。本想买几本小说看看，但让我意想不到的是，绝大多数书店都关闭了，剩下的几家书店都是卖学生教材辅导资料的。

记得念大学本科的那几年，每个周末我都会抽空来这里买一些杂志和图书。

　　我把买回来的书籍搁在床头，睡觉前就会阅读一会儿。那时候，手机资讯并没有像今天这样发达，我对一些信息和知识的了解，以及写作素材，都来源于读过的某些书和走过的某些路。

　　几年的阅读习惯使得我的内心变得既纯粹又强大，不管在学习还是生活中碰到什么问题，我都能用在书中学到的道理说服或是教育自己该如何面对。

　　让我感到奇怪的是，那些本来静静地躺在纸张里的文字，竟能像清醒过来的战士一样迅速地爬起来，然后拼命地往我的血管和脑袋里钻。它们焐热了我的身体和灵魂，让我克服了内心的魔障，熬过了无数个孤苦难耐的日子。

　　那时候，即使成长的路上只有我一个人，我也能够鼓足勇气坦然面对身边的一切困难。

　　但是，后来我考上了研究生，参加了工作，在医院看过形形色色的人，碰到过各种各样的事情，我却找不到当年的勇气和信心了。

　　我很想让自己冷静并且慢下来。于是，我想到了那些书店，想重复着走曾经习惯走的路，想读好久没有读过的书。我怀着一种特别激动的心情期待能和它们见面，再续前缘。可是，当我站在那个曾经再也熟悉不过的书店门口时，我却感觉自己的脑袋和心灵仿佛被无形的日子掏空了。

　　当年熙熙攘攘的场景已经消失了，现在只剩下无穷无尽的荒凉感，这不禁让我唏嘘不已。突然想到那时候在书店里读到过的一番话：

　　也许我们在许多地方都留下痕迹，但我们始终都是过客。人生就像一场旅行，我们一直在路上，在过去的每一年和将来的每一天，我们都竭尽全力地走在变得更好的路上。

如果你知道自己要走的路异常艰难，请你为自己准备两双鞋子，一双穿在脚上，另一双留给未来。

03

昨天，我的好友陈小凡突然收到前女友夏溪溪发来的短信。她说："元旦节我要回老家结婚了，你会来祝福我吗？"

陈小凡跑到我的宿舍，问我该怎么办？

我看了看他，然后从桌子上拿起一听啤酒递给他，说："喝吧！"

陈小凡试图从我手中接过啤酒，却不小心把它打翻了，啤酒洒了一地，陈小凡终于按捺不住自己的情绪，痛哭了起来。

陈小凡和夏溪溪谈了6年的恋爱，从高中到大学毕业。他们曾在中国的六座省会城市一起跨年，并许下新年愿望。

陈小凡希望自己毕业以后可以找到一份好工作，然后向夏溪溪求婚。

夏溪溪希望陈小凡在毕业那年把她娶回家。

但偏偏不巧的是，2019年，另外一个人接替陈小凡的位置，将这个他爱了多年的姑娘拥入怀里，对她疼爱有加。

陈小凡和夏溪溪分手是在2016年的夏天。和大多数毕业生一样，书念完了，爱情也就毕业了，为了各自的梦想各奔东西。

有人说，美好的感情给人带来快乐和成长；波折的感情会加速人的成长，使人变得更加成熟。

曾几何时，我们试着恋爱，也选择分手。我们没有经验，自然不知自己爱得有多深或是伤得有多惨，全凭借一腔热血和孤勇，爱得纯粹热烈，亦哭得天昏地暗。

　　作家张皓宸说："恋爱让自己的世界变小，失恋了就要把原有的世界找回来。"有人讲，离别的泪水，是因为相遇时的笑容，那么，在离开 TA 以后的日子，请记得谢谢自己足够勇敢 。

　　如果你现在找不到一个喜欢并且合适的人一起跨年，请你给自己准备两朵烟花，一朵用来缅怀过去，另一朵用来相信未来。

04

　　年轻时，我们都有一个梦想，长大以后要带父母环游世界。但是等我们真正成年或是娶妻生子，却总是忘了年少时的心愿。

　　电话打得少了，忘记他们的生日，疏于关心他们的健康，有时候回家和他们坐在一起，还和他们聊不到一块。甚至开始嫌他们唠叨、不爱卫生、爱贪小便宜、管得太多……想和他们保持距离。

　　曾经在网上看过一个视频：

　　一个老母亲因为三个儿子从未回家探望过她，便把三个儿子告上法院，要求他们支付九个月的"房费"。

　　这个老母亲其实不差钱，她之所以这么做，无非就是想提醒孩子们记得常回家看看，不要忘了她。

　　生儿育女，父母要的其实并不多，他们只是希望儿女们能常回家看看。

　　"父母在，人生尚有来处；父母去，人生只剩归途。"

有着未来想带父母远游的心，不如趁着自己有空的时候给他们多打几个电话，听听他们唠唠家常，讲讲自己这一年过得怎样。

　　如果你现在还不知道应该对未来许下什么梦想，那就好好珍惜并享受每一天、每一年的时光。未来，你一定能够找到彼此相爱的人；也一定能够懂得珍惜对你好的人；成为自己想要成为的人。

　　如果此时此刻没人陪你一起在冬日的阳光里漫步，请你抬头仰望星空，放下过去，珍惜现在，相信未来！

那段不能在一起的爱情，其实一直都在

01

在我还没有考上 X 大的研究生前，我会把自己比作一只鸟儿，每天清晨准时醒来后就会飞到千里之外，甚至更远的地方去寻找食物，搜索信息，也会为了过上更好的生活勇敢而坚定地面对各种艰难险阻。

像我这样一只鸟儿，它可能身材不够庞大，IQ 不是很高，动作不太敏捷，但它总是能满腔热血地展开羽翼飞起来，而且会飞得越来越高、越来越远。

我觉得曾经的自己是一个潜力股，有梦想，愿意为它养大一颗能够在碧海蓝天下自由翱翔的心，愿意为它训练出一双能够在层峦叠嶂里拨开云雾的眼睛，也愿意为它改变慵懒自卑的自己。

蓝姑娘就是在那个年纪，用尽力气喜欢那样的我。

我也就在那个年纪塑造了一个成功者的光辉形象。

02

读大二时，蓝姑娘每晚会陪我上自习，我们能从医学聊到文学，从教室走到路边摊，从坐在 202 公交车上到躺在青青草地里。

我们学的最好的一门课程是《中医基础理论》，常看的同一本课外书是《偷影子的人》，喜欢吃的食物是马老板烤的莲藕串，迷恋的同一个星座是水瓶座。

蓝姑娘还会读我写的文字，每次我在QQ空间里更新了日记，她就会在下面留言，她给的意见总比别人要恰到好处一些，她说的感悟总比别人要真情实意一点。

有一次，我因为和室友吵架发了一篇比较偏颇的文章，大概十分钟后收到蓝姑娘写的长达五百多字的评论，每句话，甚至每个字都显得特别用心良苦，但由于我当时的情绪还比较低落，又很排斥别人安慰自己，我看完后就把蓝姑娘的评论删除了。

没过五分钟，我又收到一条来自蓝姑娘的评论，她的用词还是比较温柔细腻，每句话都站在我的立场上，她又在安慰我，但我并不接受，又一次把它删除了。

大概半个小时后，蓝姑娘发来一条短信，她问我为什么要一次又一次删除她的评论，我没有给她回复。直到傍晚，蓝姑娘打来电话，她质问我为什么突然对她置之不理？

我没有回答她。

我们僵硬了一分钟，她接着问："胡识，你到底想干嘛？"

我说："不干嘛啊。"

"那你为什么删我的评论？"她又问。

"我喜欢，难道不行吗？"我说。

突然，蓝姑娘在电话里对我大吼大叫："胡识，你去死，你个王八蛋！"顿了顿，又说，"今天，我生病了。"然后挂了电话。

我好像听见一种低沉嘶哑，枯瘦如柴的声音久久地在我的耳骨里回荡。

我好像看见一张焦黄煞白，失望无助的面孔被一颗冰冷残酷的心囚禁着，鞭笞着。

我开始感到后悔不已。

03

晚上，我给蓝姑娘打电话，想向她道歉，接电话的是她的室友B同学，她说蓝姑娘被救护车带走了，就在下午和我说完话不久。

我吓得面红耳赤，心脏像是被激烈拍打的皮球。我感到既难过又害怕。整整一个晚上，我睁着眼睛躺在床上祈祷蓝姑娘千万不要出事，否则我不可能原谅自己。

值得庆幸的是，第二天我跑到医院探望蓝姑娘时，看到她躺在床上"咯咯"地笑。坐在蓝姑娘旁边的是杜先生，一位身高175cm，长得阳光帅气的男生。

杜先生擅长跳街舞，每次学校有大型文艺晚会，他都会登台表演，蓝姑娘就会站在我身边为他摇旗呐喊。

听蓝姑娘的室友B同学说，杜先生和蓝姑娘是青梅竹马，他们在同一个四合院长大。杜先生本来可以留在北大学舞蹈专业，但他为了可以和蓝姑娘在一起，才报考了X大的药学系。

我对B同学说："那他肯定喜欢蓝姑娘。"

B同学看了看我，然后斜着脸讪讪地笑了起来。

我问她："难道不是吗？"

她点点头，再慢慢地转过身子，说："所以你得加油啊！"

但我并不感到害怕，甚至一点紧张感都没有，因为我不认为蓝姑娘喜欢杜先生。如果蓝姑娘对杜先生心存爱意，那杜先生完全没有必要放弃好的前程屁颠屁颠地跟着蓝姑娘来到 X 大，他也不会因为每次看到我和蓝姑娘接触就生气。蓝姑娘更不会在我每次笑她喜欢杜先生时就表情大变，对我吼道："你大爷的给我滚。"

不喜欢一个人时，不管他长相如何超凡脱俗，才华怎么惊艳全场，对你多么掏心掏肺，也很难改变他在你心里的位置。

有些人，从一开始就被你当成阑尾，你并不真心在乎，一旦它发炎化脓，切除它后还是不痛不痒。但对于另外一个人，你却会把他摆在核心，视他为你的五脏六腑，你很爱他，一刻也离不开他。

因为杜先生就是蓝姑娘身体里的一条阑尾，所以在蓝姑娘阑尾切除后的第二天，杜先生半开玩笑地说："胡识就是个大傻帽，放着这么天生丽质的姑娘不去好好照顾，把机会让给我。你说他脑子是不是进水了？"

杜先生一边嘲笑我，一边做着妩媚的动作，他想逗蓝姑娘开心。

当然，那天我确实在病房门外看见蓝姑娘笑得前仰后合。B 同学说过，蓝姑娘大笑起来的样子最楚楚动人，讨人喜欢，我觉得她说的话一点也不假。

04

我推开病房门走向蓝姑娘，她侧过头刚好看到我，立刻用手捂住嘴，她的脸有些红。这时，杜先生转过头，从凳子上站了起来，他指着蓝姑娘对我说："你女朋友生病了，你怎么才来？"

"我才不是他女朋友呢。"蓝姑娘看了看杜先生，又转过头死死地盯着我。

我想她一定还在生我的气。

我快要靠近蓝姑娘的病床时，蓝姑娘大叫起来，"胡识，你的手怎么了？"

我低声说："没事，就是给你煲皮蛋粥时，不小心烫伤了。"

忽然，蓝姑娘伸出一只手把我强拽进她的怀里。那是我第一次近距离接触蓝姑娘，我能感觉到她的心跳加速，接着她歇斯底里地哭起来。

我腾出一只手轻轻地拍打蓝姑娘的后背，说："对不起！别哭了。"

她点点头。

从那以后，我和蓝姑娘的关系势如破竹，情投意合。我们一起读书、听音乐，隔三岔五地出去旅行。

那时候，我并不怎么喜欢江南的山川河流，虽然蓝姑娘幻想有一天能在南方看到日出云海，但每次她都会顺着我的意思，说跟我去遥远的北方。

蓝姑娘晕车，所以在摇摇晃晃的列车上她会要求我紧紧地抱住她。列车每穿过一个隧道，她就会闭上双眼，咬住我的衣领，不然她就会感到头晕目眩，翻江倒海。

我们曾在大漠深处的沙山之巅，看到一轮绚丽烂漫的日出与天边的飞鸟融为一体；我们曾遇到过一条不断澎湃着青春气息的银色河流；我们曾见到过稀稀落落的风筝在瓦蓝的天空轻盈地飞翔，身边还有成群结队的小孩踩着雪橇从雪山上滑落，每一条抛物线就像一个弧形的拱桥，支撑着生命的高度。

我喜欢生活在北方的大城市，但蓝姑娘不习惯那里的饮食。她不爱吃肉，也不喜欢面食，跟我在北方旅行的那几次，她只喝点白粥，饿着肚子。

我说她傻，不喜欢还每次吵着闹着要跟我来。但她只会笑着回答："我是怕北方的女汉子拐跑了你嘛。"

我的眼睛有些湿润，情不自禁地牵起她的手，说："那我们一起走吧！"。

蓝姑娘清了清嗓音，唱起许巍的《旅行》这首歌。

蓝姑娘原本不太喜欢民谣之类的歌曲，可在大二那年，我竞选班里的文艺委员时，唱了《旅行》这首歌，她就开始对许巍暗生欢喜。

她说自己的梦想和我一样，先努力成为一名医生，等积攒了一些钱就跟着我浪迹天涯，去过闲云野鹤般的生活。

她的话让我感动之余，对她更加迷恋。

那时我以为和某个人恋爱了，就可以琴瑟和鸣、白头到老，但等你无比温柔地教会一个人如何去爱，如何创造浪漫的日子时，对方却把温柔给了别人。

05

蓝姑娘怎么也不会想到，我和她正式交往不到三年就开始变了。

我不再阅读课外书，不再写作，每次学校放假，我都宅在寝室里不愿外出。有次，蓝姑娘问我要不要到更远的北方散散心，我二话不说就骂她："你有病吧，都快考试了，还想着玩。"

她惊讶地抬起头看了看我，然后又低下头，下巴快要贴近胸骨，小声地说："哦，那好吧。"

我转过身走进寝室，门"啪"的一声关上了。

那是我最后一次见到蓝姑娘，她化了淡妆，盘着头发，身穿酒红色的连衣裙，踩着5厘米高的白色皮鞋，背着淡蓝色的书包站在我的对面。

蓝姑娘想去一趟更远的北方做一回魅力十足的女人，可那次我无情地拒绝了她的请求。

听B同学说，那天蓝姑娘蹲在男生308寝室门口哭了整整三个小时，直到中午被杜先生发现才送回宿舍。

我有些闷闷不乐，但并没有为此向蓝姑娘道歉，而是接二连三地让她感到失望、难过。我拒绝接她打给我的电话，也不回她的短信。我把自己关在漆黑的木屋子里，每天除了看一两个小时的电影，就是玩命地看书，我发誓一定要实现爷爷的遗言所托。

06

2015年，在我和蓝姑娘从兴安盟旅行回来后的第二个星期天，这世上唯一疼爱我的爷爷因病去世。

那个傍晚，夕阳从村里的草房子上慢慢地坠落，黄昏像是爷爷病床前点燃的一支蜡烛，微风吹动着他那羸弱不堪的身躯。爷爷拉着我的手，断断续续地说："娃，爷爷要走了。"

"爷爷知道你谈恋爱了，但是爷爷并不支持你，因为咱家穷。穷人家的孩子一定要先学好本事，找到好工作，攒到钱，再找对象。娃，答应爷爷，不要急着谈恋爱，好好读书，以后考个研究生为家里争个光。"

爷爷说完，倏然松开我的手，闭上眼睛离去。登时，我的心往下一沉，哭得上气不接下气。

从那以后，我每天都茶饭无心，坐卧不宁。一想到爷爷对我说的话，我就感到难过，而且发觉自己越来越自轻自贱。

我明白，虽然现在的我和蓝姑娘的感情不错，但是毕业以后蓝姑娘肯定会去家乡工作，她爸爸是县中医院的一位小领导，早就帮蓝姑娘找好了工作。

我不喜欢留在小县城，一心想在大城市发展。

另外，爷爷死了，以后我的生活会更加艰难。我既担心，又不忍心让蓝姑娘陪我吃苦。以蓝姑娘的才貌和家庭条件，她一定能找到更加适合她的人。

"对，蓝姑娘应该可以找到比我更好的人。"我哭着说服了自己。

07

2015 年的冬天格外漫长、寒冷，我实习的那座城市下了五、六天的大雪，整个医院快要被大雪淹没了，我穿着长筒靴站在医院的大院里，整个身子被冻得直打哆嗦，我颤颤巍巍地从口袋里掏出手机，拨通了那个熟记于心的电话号码。

刚开始，我只是沉默。因为我实在不知道该怎么开口，我特别害怕蓝姑娘听到这个噩耗以后会和我一样痛苦。蓝姑娘是个很重感情、温柔仁慈的姑娘。更何况她那么爱我。

蓝姑娘在电话那头不停地问我："怎么了？"

我说，没事，没事，就是想你了。

蓝姑娘笑了，笑得很开心，就好像她也能听见雪落地的声音。

我还是压抑不住自己的情绪，对蓝姑娘说出了那几个字，然后慢慢地俯下身子，再蹲下来，开始抱头大哭。

我和蓝姑娘分手了。

雪也突然停了，天空虽然慢慢放亮，但那天的世界却出奇的寂静，静到我躺在雪地里，只能听见自己的喘息声。

曾经我们以为只要彼此相爱，就会永不分开。可如今，我却不愿意想起她的名字。她的名字就像那年的飘雪，既凝结着她比海还要深的情义，又冻结了她比天还要高的恨意。

08

在我和蓝姑娘分手后的前几天，蓝姑娘每时每刻都在朋友圈发动态，说她曾经为了改变成我喜欢的样子，努力上好每一堂《中医基础理论》课，反反复复阅读《偷影子的人》这本小说，摘抄里面的句子，跟我一起在马老板的摊子上吃讨厌的莲藕串，每天关注水瓶座的运势走向。

那次她盘起头发，化了淡妆，打扮成我喜欢的样子，为的就是想和我去更远的地方听《旅行》这首歌。

还记得 2013 年 8 月 10 日，许巍的巡回演唱会开到哈尔滨，蓝姑娘瞒着我提前买了两张门票，她本想送给我一个惊喜，可我因为得知自己的期末成绩考得不是很好时，有些失落，便拒绝了她的请求。

蓝姑娘从来都不会因为我的小情绪而觉得自己没有安全感，绝大多数时候，她反而会觉得我很有趣，是个特别上进的家伙，值得她深爱。

在我和蓝姑娘分手的前几个月，也就是 5 月 20 日那天，她还特意发来一条短信告诉我："此生，无论你贫穷也好，富贵也罢，我只爱你这个人。所以，我希望你也能像我一样深情地爱我。"

蓝姑娘就像《北京爱情故事》里的沈冰，她曾经很爱石小猛，单纯地爱，痴情地付出。但是石小猛因为贫穷自卑，在面对残酷的现实考验时，最终还是选择放弃了沈冰。

石小猛以为等自己变得足够优秀、有钱了，还可以再追回沈冰。但是，爱情从来都不会只站在原地一动不动，爱情也是会变的，沈冰再也不会相信石小猛对她的爱是真心实意的了。

这世上有很多东西，一旦被你搞丢了，就真的再也不会回来。你和某个人分开以后，就注定会沦为陌生的路人，你们回不到爱情的原点，即使回得去，那也只是一段伤感又遗憾的青春，你只能在那样一段感情里学会爬起来，站直了身，再重新出发。

曾经的你立誓要和一个人天长地久，后来也不知道什么原因，你和那个人竟遥遥相望，相隔千里万里。

曾经的你不忍心同喜欢的那个人告别，后来现实生活教会你做出敢爱敢恨的决定，你便选择同那个人结束，和另一个人开始。

曾经的你横刀立马要嫁给爱情，后来看到故事的结局，你和他才会幡然醒悟："有些人拥吻影子，但只拥有幸福的幻影。"

你是年少的欢喜，喜欢的少女是你。和你分开以后，虽然有错失了好的你的缺憾，但也有遇见好的我的快感。

我们分手了。今天再回过头，竟像是，过了一万年，那么久。